普通高等教育"十二五"规划教材

机电类专业课程
实验指导书

主　编　金秀慧　孙如军
副主编　卫江红　王　会
　　　　王　慧　胡晓花

北　京
冶金工业出版社
2014

内 容 提 要

本书内容涵盖了机械专业全部课程的实验内容。针对专业的特点，本书在验证性实验的基础上，增加了设计研究、综合创新性试验，体现了"重实践，强能力"的培养特色，为学生综合运用所学专业知识搭建了一个平台。同时，本书也编入了一定比例的仿真实验项目，旨在运用现代网络技术与传统实验室实验相结合的教学手段，提高实验教学的水平。

本书可以作为高等院校机械设计制造及其自动化专业的实验教学用书，也可供相关专业的师生和技术人员参考。

图书在版编目（CIP）数据

机电类专业课程实验指导书/金秀慧，孙如军主编．—北京：
冶金工业出版社，2014.9
普通高等教育"十二五"规划教材
ISBN 978-7-5024-6693-0

Ⅰ.①机…　Ⅱ.①金…　②孙…　Ⅲ.①机电工程—实验—
高等学校—教材　②热能—实验—高等学校—教材
Ⅳ.①TH-33　②TK11-33

中国版本图书馆 CIP 数据核字（2014）第 201111 号

出 版 人　谭学余
地　　址　北京市东城区嵩祝院北巷 39 号　邮编　100009　电话　(010)64027926
网　　址　www.cnmip.com.cn　电子信箱　yjcbs@ cnmip.com.cn
责任编辑　贾怡雯　张 卫　美术编辑　吕欣童　版式设计　孙跃红
责任校对　石 静　责任印制　李玉山
ISBN 978-7-5024-6693-0
冶金工业出版社出版发行；各地新华书店经销；三河市双峰印刷装订有限公司印刷
2014 年 9 月第 1 版，2014 年 9 月第 1 次印刷
787mm×1092mm　1/16；16.5 印张；399 千字；252 页
38.00 元

冶金工业出版社　投稿电话　(010)64027932　投稿信箱　tougao@cnmip.com.cn
冶金工业出版社营销中心　电话　(010)64044283　传真　(010)64027893
冶金书店　地址　北京市东四西大街46号(100010)　电话　(010)65289081(兼传真)
冶金工业出版社天猫旗舰店　yjgy.tmall.com
（本书如有印装质量问题，本社营销中心负责退换）

前　言

目前，机电专业在教学中使用的实验指导材料多是单门课程的讲义。为了规范各门课程的实验讲义，并且方便学生使用，编写一本涵盖专业全部课程实验的指导书是非常必要的。

本书涵盖了机械设计制造及其自动化专业所有课程的实验，参照国内有关实验教学和研究成果，按照"基础层次—提高层次—综合性设计性实验"三个层次进行编写。首先各门课程都按照大纲要求，设置了适量的基础实验；其次针对大学生科技竞赛的需要，在原有验证性实验的基础上，增加了相应的创新性实验和综合性实验，以求全面提高学生的动手能力；此外还编入了一定比例的仿真实验项目，旨在运用现代网络技术与传统实验室实验相结合的教学手段，提高实验教学的水平。

本书由德州学院机电工程学院金秀慧教授和孙如军教授担任主编；由德州学院机电工程学院卫江红、王会、王慧、胡晓花老师担任副主编；参编的有德州学院机电工程学院教师赵岩、侯晓霞、王万新、王志坤、冯瑞宁、牟世刚等。

编写本书时，作者参考了机械设计制造及其自动化专业的理论著作与实验课程著作，在此向有关作者一并表示衷心的感谢。

由于编者水平所限，书中难免存在缺点和错误，恳请广大读者给予批评指正。

编　者
2014 年 6 月

目　录

1 材料力学

1.1 低碳钢的拉伸实验

1.1.1 实验名称

低碳钢的拉伸实验

1.1.2 实验目的

（1）测定低碳钢的屈服极限 σ_s、强度极限 σ_b、伸长率 δ 和断面收缩率 ψ。

（2）观察低碳钢拉伸过程中的弹性变形、屈服、强化和缩颈等物理现象。

（3）熟悉材料试验机和游标卡尺的使用。

1.1.3 实验设备

手动数显材料试验机、MaxTC220 试验机测试仪、游标卡尺。

1.1.4 试样制备

低碳钢试样如图 1.1.1 所示，直径 $d=10\text{mm}$，测量并记录试样的原始标距 L_0。

图 1.1.1 低碳钢试样

1.1.5 实验原理

（1）材料达到屈服时，应力基本不变而应变增加，材料暂时失去了抵抗变形的能力，此时的应力即为屈服极限 σ_s。

（2）材料在拉断前所能承受的最大应力，即为强度极限 σ_b。

（3）试样的原始标距为 L_0，拉断后将两段试样紧密对接在一起。量出拉断后的长度 L_1，伸长率为拉断后标距的伸长量与原始标距的百分比，即

$$\delta = \frac{L_1 - L_0}{L_0} \times 100\%$$

（4）拉断后，断面处横截面积的缩减量与原始横截面积的百分比为断面收缩率，即

$$\psi = \frac{A_0 - A_1}{A_0} \times 100\%$$

式中　A_0——试样原始横截面积；

　　　A_1——试样拉断后断口处最小横截面积。

1.1.6　实验步骤

（1）调零：打开示力仪开关，待示力仪自检停后，按清零按钮，使显示屏上的按钮显示为零。

（2）加载：用手握住手柄，顺时针转动施力使动轴通过传动装置带动千斤顶的丝杠上升，使试样受力，直至断裂。

（3）示力：在试样受力的同时，装在螺旋千斤顶和顶梁之间的压力传感器受压产生压力信号，通过回蕊电缆传给电子示力仪，电子示力仪的显示屏上即用数字显示出力值。

（4）关机：实验完毕，卸下试样，操作定载升降装置使移动挂梁降到最低时关闭示力仪开关，断开电源。

1.1.7　数据处理

（1）将相关数据记录在表 1.1.1 中。

表 1.1.1　低碳钢拉伸实验数据记录

参　数	原始直径 d_0	断口直径 d_1	原始标距 L_0	拉断后标距 L_1
长度/mm				

（2）根据 1.1.5 节给出的公式计算伸长率 δ 和断面收缩率 ψ
（3）在应力应变图中标出屈服极限 σ_s 和强度极限 σ_b

1.1.8　应力应变图分析

低碳钢的拉伸过程分为四个阶段，分别为弹性变形阶段、屈服阶段、强化阶段和缩颈阶段。

（1）弹性变形阶段。在拉伸的初始阶段，应力和应变的关系为直线，此阶段符合胡克定律，即应力和应变成正比。

（2）屈服阶段。超过弹性极限后，应力增加到某一数值时，应力应变曲线上出现接近水平线的小锯齿形线段，此时，应力基本保持不变，而应变显著增加，材料失去了抵抗变形的能力，锯齿线段对应的应力为屈服极限。

（3）强化阶段。经屈服阶段后，材料又恢复了抵抗变形的能力，要使它继续变形，必须增加拉力，强化阶段中最高点对应的应力为材料所能承受的最大应力，即强度极限。

（4）缩颈阶段。当应力增大到最大值之后，试样某一局部出现显著收缩，产生缩颈，此后使试样继续伸长所需要的拉力减小，最终试样在缩颈处断裂。

1.1.9　实验作业

（1）说明测定屈服极限 σ_s、强度极限 σ_b、伸长率 δ 和断面收缩率 ψ 的实验原理及拉

伸实验的实验步骤。

（2）根据实验过程中记录的数据，计算材料的伸长率 δ 和断面收缩率 ψ。

（3）在应力应变图中标出屈服极限 σ_s 和强度极限 σ_b。

（4）对应力应变图进行分析。

1.2 测定材料弹性模量 *E*

1.2.1 实验名称

测定材料的弹性模量

1.2.2 实验目的

（1）掌握测定 Q235 钢弹性模量 *E* 的实验方法。

（2）熟悉 CEG-4K 型测 *E* 试验台及其配套设备的使用方法。

1.2.3 实验设备及仪器

CEG-4K 型测 *E* 试验台、球铰式引伸仪。

1.2.4 主要技术指标

（1）试样：Q235 钢，如图 1.1.1 所示，直径 $d = 10\text{mm}$，标距 $L = 100\text{mm}$。

（2）载荷增重 $\Delta F = 1000\text{N}$（砝码四级加载，每个砝码重 25N，初载砝码一个，重 16N，采用 1：40 杠杆比放大）。

1.2.5 实验原理

实验时，从 F_0 到 F_4 逐级加载，载荷的每级增量为 1000N。每次加载时，记录相应的长度变化量，即为 ΔF 引起的变形量。在逐级加载中，如果变形量 ΔL 基本相等，则表明 ΔF 与 ΔL 为线性关系，符合胡克定律。完成一次加载过程，将得到 ΔL 的一组数据，实验结束后，求 ΔL_1 到 ΔL_4 的平均值 $\Delta L_{\text{平}}$，代入胡克定律计算弹性模量。即

$$\Delta L_{\text{平}} \times 0.001 = \frac{\Delta F L}{E A}$$

备注：引伸仪每格代表 0.001mm。

1.2.6 实验步骤及注意事项

（1）调节吊杆螺母，使杠杆尾部上翘一些，使之与满载时关于水平位置大致对称。

（2）把引伸仪装夹到试样上，必须使引伸仪不打滑。

注意：对于容易打滑的引伸仪，要在试样被夹处用粗纱布沿圆周方向打磨一下。引伸仪为精密仪器，装夹时要特别小心，以免使其受损。采用球铰式引伸仪时，引伸仪的架体平面与试验台的架体平面需成 45° 左右的角度。

（3）挂上砝码托。

（4）加上初载砝码，记下引伸仪的初读数。

（5）分四次加等重砝码，每加一次记录一次引伸仪的读数。

注意：加砝码时要缓慢放手，以使之为静载，防止砝码失落而砸伤人、物。

（6）实验完毕，先卸下砝码，再卸下引伸仪。

1.2.7　数据记录及计算

（1）将原始数据记录在表 1.2.1 中。

表 1.2.1　测定材料弹性模量 E 实验数据记录　　　　　　（mm）

分级加载	初载 L_0	一次加载 L_1	二次加载 L_2	三次加载 L_3	四次加载 L_4
引伸仪读数					

（2）计算。

1）计算各级形变量，将结果记录在表 1.2.2 中。

表 1.2.2　各级形变量计算结果　　　　　　（mm）

分级加载	一次加载 ΔL_1	二次加载 ΔL_2	三次加载 ΔL_3	四次加载 ΔL_4	平均值 $\Delta L_{平}$
形变量					

2）计算材料面积 A。

$$A = \frac{\pi d^2}{4}$$

3）计算弹性模量 E（弹性模量单位为 MPa）。

$$\Delta L_{平} \times 0.001 = \frac{\Delta F L}{EA}$$

1.2.8　实验作业

（1）说明测定弹性模量 E 的实验原理、步骤及注意事项。

（2）根据实验过程中记录的原始数据，计算材料的弹性模量 E。

1.3　低碳钢和铸铁的扭转实验

1.3.1　实验名称

低碳钢和铸铁的扭转实验

1.3.2　实验目的

（1）测定低碳钢的剪切屈服极限 τ_S 及剪切强度极限 τ_b。

（2）测定铸铁的剪切强度极限 τ_b。

（3）观察比较两种材料扭转变形过程中的各种现象及其破坏形式，并对试件断口进行分析。

1.3.3 实验设备及仪器

扭转试验机、游标卡尺。

1.3.4 试样制备

低碳钢和铸铁试样如图 1.1.1 所示，直径 $d = 10\text{mm}$，分别测量并记录试样的原始标距 L_0。

1.3.5 实验原理

扭转实验是将材料制成一定形状和尺寸的标准试样，置于扭转试验机上进行的，利用扭转试验机上面的自动绘图装置可绘出扭转曲线，并能测出金属材料抵抗扭转时的屈服扭矩 T_S 和最大扭矩 T_b。通过计算可求出屈服极限 τ_S 及剪切强度极限 τ_b。

$$\tau_\text{S} = \frac{T_\text{S}}{W_\text{t}} \qquad \tau_\text{b} = \frac{T_\text{b}}{W_\text{t}}$$

式中，$W_\text{t} = \dfrac{\pi d^3}{16}$，单位为 mm^3；τ_S 和 τ_b 的单位为 MPa。

1.3.6 实验步骤

（1）测量试件标距。
（2）选择试验机的加载范围，弄清所用测力刻度盘。
（3）安装试样，调整测力指针。
（4）实验测试。开机缓慢加载，注意观察试件、测力指针和记录图，记录主要数据，在低碳钢扭转时，有屈服现象，记录测力盘指针摆动的最小扭矩为屈服扭矩 T_S，直至实验结束记录最大扭矩 T_b。
（5）铸铁在扭转时无屈服现象，直至实验结束记录最大扭矩 T_b。
（6）关机取下试件，将机器恢复原位。

1.3.7 数据记录及处理

（1）将原始数据记录在表 1.3.1 中。

表 1.3.1 低碳钢和铸铁扭转实验数据记录

材　料	直径 d_0/mm	标距 L_0/mm	屈服扭矩 $T_\text{S}/\text{N}\cdot\text{m}$	最大扭矩 $T_\text{b}/\text{N}\cdot\text{m}$
低碳钢	10			
铸　铁	10		—	

（2）根据 1.3.5 节中给出的公式计算抗扭截面系数 W_t，计算低碳钢的屈服极限 τ_S 和剪切强度极限 $\tau_{\text{b低}}$ 以及铸铁剪切强度极限 $\tau_{\text{b铸}}$。

1.3.8 绘制断口示意图并分析破坏原因

低碳钢和铸铁的断口示意图如图 1.3.1 所示。

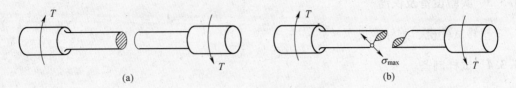

图 1.3.1　断口示意图

（a）低碳钢断口示意图；（b）铸铁断口示意图

破坏原因分析：

低碳钢材料的抗剪能力低于抗拉（压）能力，低碳钢扭转时沿最大切应力的作用面发生断裂，为切应力作用而剪断，因此，其破坏断面与曲线垂直，如图 1.3.1（a）所示；铸铁材料的抗拉强度较低，铸铁扭转时沿最大拉应力的作用面发生断裂，由应力状态可知，纯剪切最大拉应力作用的主平面与 x 轴夹角为 45°，因此，铸铁圆形试件破坏断面与轴线成 45° 螺旋面，如图 1.3.1（b）所示。

1.3.9　实验作业

（1）说明测定低碳钢剪切屈服极限 τ_S、剪切强度极限 $\tau_{b低}$ 及铸铁剪切强度极限 $\tau_{b铸}$ 的实验原理及步骤。

（2）根据实验过程中记录的原始数据，计算低碳钢的剪切屈服极限 τ_S、剪切强度极限 $\tau_{b低}$ 及铸铁的剪切强度极限 $\tau_{b铁}$。

（3）绘制低碳钢和铸铁的断口示意图，并分析其破坏原因。

1.4　矩形截面梁纯弯曲正应力的电测实验

1.4.1　实验名称

矩形截面梁纯弯曲正应力的电测实验

1.4.2　实验目的

（1）学习使用电阻应变仪，初步掌握电测方法。

（2）测定矩形截面梁纯弯曲时的正应力分布规律，并与理论公式计算结果进行比较，验证弯曲正应力计算公式的正确性。

1.4.3　实验设备

WSG-80 型纯弯曲正应力试验台、静态电阻应变仪。

1.4.4　主要技术指标

1.4.4.1　矩形截面梁试样

矩形截面梁试样如图 1.4.1 所示。

材料：20 号钢，$E = 208 \times 10^9 \mathrm{Pa}$；

跨度：$L = 600\mathrm{mm}$，$a = 200\mathrm{mm}$，$L_1 = 200\mathrm{mm}$；

横截面尺寸：高度 $h = 28\mathrm{mm}$，宽度 $b = 10\mathrm{mm}$。

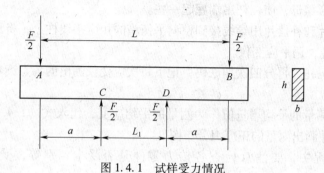

图 1.4.1 试样受力情况

1.4.4.2 载荷增量

载荷增量 $\Delta F = 200\mathrm{N}$（砝码四级加载，每个砝码重 10N 采用 1∶20 杠杆比放大），砝码托作为初载荷，$F_0 = 26\mathrm{N}$。

1.4.4.3 精度

满足教学实验要求，误差一般在 5% 左右。

1.4.5 实验原理

如图 1.4.1 所示，CD 段为纯弯曲段，其弯矩为 $M = \dfrac{1}{2}Fa$，则 $M_0 = 2.6\mathrm{N \cdot m}$，$\Delta M = 20\mathrm{N \cdot m}$。根据弯曲理论，梁横截面上各点的正应力增量为：

$$\Delta\sigma_{\text{理}} = \frac{\Delta My}{I_z} \qquad\qquad (1.4.1)$$

式中，y 为点到中性轴的距离；I_z 为横截面对中性轴 z 的惯性矩。对于矩形截面

$$I_z = \frac{bh^3}{12} \qquad\qquad (1.4.2)$$

由于 CD 段是纯弯曲的，纵向各纤维间不挤压，只产生伸长或缩短，所以各点均为单向应力状态。只要测出各点沿纵向的应变增量 $\Delta\varepsilon$，即可按胡克定律计算出实际的正应力增量 $\Delta\sigma_{\text{实}}$。

$$\Delta\sigma_{\text{实}} = E\Delta\varepsilon \qquad\qquad (1.4.3)$$

在 CD 段任取一截面，沿不同高度贴五片应变片。1 片、5 片距中性轴 z 的距离为 $h/2$，2 片、4 片距中性轴 z 的距离为 $h/4$，3 片就贴在中性轴的位置上。

测出各点的应变后，即可按式（1.4.3）计算出实际的正应力增量 $\Delta\sigma_{\text{实}}$，并画出正应力 $\Delta\sigma_{\text{实}}$ 沿截面高度的分布规律图，从而可与（式 1.4.1）计算出的正应力理论值 $\Delta\sigma_{\text{理}}$ 进行比较。

1.4.6 实验步骤及注意事项

（1）开电源，使应变仪预热。

（2）在 *CD* 段的大致中间截面处贴五片应变片与轴线平行，各片相距 $h/4$，作为工作片；另在一块与试样相同的材料上贴一片补偿片，放到试样被测截面附近。应变片要采用窄而长的较好，贴片时可把试样取下，贴好片，焊好固定导线，再小心装上。

（3）调动蝶形螺母，使杠杆尾端翘起一些。

（4）把工作片和补偿片用导线接到预调平衡箱的相应接线柱上，将预调平衡箱与应变仪连接，接通电源，调平应变仪。

（5）先挂砝码托，再分四次加砝码，记下每次应变仪测出的各点读数。注意加砝码时要缓慢放手。

（6）取四次测量的平均增量值作为测量的平均应变，代入式（1.4.3）计算可得各点的弯曲正应力，并画出测量的正应力分布图。

（7）加载过程中，要注意检查各传力零件是否受卡、别等，受卡、别等应卸载调整。

（8）实验完毕将载荷卸为零，工具复原，经指导老师检查方可关闭应变仪电源。

1.4.7　数据处理

（1）计算弯曲梁截面各点处的理论正应力增量。

1）将测点的位置记录在表1.4.1中。

表 1.4.1　测点位置

测点编号	1	2	3	4	5
测点至中性轴的距离 y/mm					

2）根据式（1.4.2）计算矩形横截面对中性轴 z 的惯性矩 I_z。

3）根据式（1.4.1）直接计算各点的理论正应力增量，并记录于表1.4.2中。

表 1.4.2　理论正应力增量

测点编号	1	2	3	4	5
理论正应力增量 $\Delta\sigma_{理}$/MPa					

（2）计算弯曲梁截面各点处的实际正应力增量。

1）将各测点原始数据记录于表1.4.3中。

表 1.4.3　各测点原始数据

测点	初载 ε_0	一次加载 ε_1	二次加载 ε_2	三次加载 ε_3	四次加载 ε_4
测点1应变仪读数					
测点2应变仪读数					
测点3应变仪读数					
测点4应变仪读数					
测点5应变仪读数					

2）计算各测点应变增量，并记录于表 1.4.4 中。

表 1.4.4 各测点应变增量及平均值

测　点	一次加载 $\Delta\varepsilon_1$	二次加载 $\Delta\varepsilon_2$	三次加载 $\Delta\varepsilon_3$	四次加载 $\Delta\varepsilon_4$	平均值 $\Delta\varepsilon_平$
测点 1 应变增量					
测点 2 应变增量					
测点 3 应变增量					
测点 4 应变增量					
测点 5 应变增量					

3）根据式（1.4.3）计算各测点实际正应力增量，并记录于表 1.4.5 中。

表 1.4.5 各测点实际正应力增量

测点编号	1	2	3	4	5
实际正应力增量 $\Delta\sigma_实$/MPa					

（3）计算各测点理论与实际正应力的误差 e，并记录于表 1.4.6 中。

$$e = \left| \frac{\Delta\sigma_理 - \Delta\sigma_实}{\Delta\sigma_理} \right| \times 100\%$$

表 1.4.6 各测点理论正应力与实际正应力误差

测点编号	1	2	3	4	5
误差 e					

1.4.8　实验作业

（1）说明矩形梁纯弯曲正应力电测实验的原理、实验步骤及注意事项等。
（2）分别计算各测点的理论和实际弯曲正应力增量，验证弯曲正应力公式的正确性。
（3）绘制弯曲正应力沿截面高度的分布规律图。

1.5　测定材料切变模量 G

1.5.1　实验名称

测定材料切变模量 G

1.5.2　实验目的

（1）掌握测定 Q235 钢切变模量 G 的实验方法。
（2）熟悉 NY-4 型扭转测 G 仪的使用方法。

1.5.3　实验设备及仪器

NY-4 型扭转测 G 仪、百分表、游标卡尺。

1.5.4 主要技术指标

(1) 试样：直径 $d = 10\mathrm{mm}$，标距 $L_0 = 60 \sim 100\mathrm{mm}$（可调），材料 Q235 钢。

(2) 力臂：长度 $a = 200\mathrm{mm}$，产生最大扭矩 $T = 4\mathrm{N} \cdot \mathrm{m}$。

(3) 百分表：触点离试样轴线距离 $b = 100\mathrm{mm}$，放大倍数 $K = 100$ 格/mm，用百分表测定扭转的位移。

(4) 砝码：4 块，每块重 5N，砝码托作初载荷，$T_0 = 0.26\mathrm{N} \cdot \mathrm{m}$，扭矩增量 $\Delta T = 1\mathrm{N} \cdot \mathrm{m}$。

(5) 精度：误差不超过 5%。

1.5.5 实验原理

实验时，从 F_0 到 F_4 逐级加载，扭矩的每级增量为 $1\mathrm{N} \cdot \mathrm{m}$。每次加载时，相应的扭转角变化量即为 ΔT 引起的变形量。在逐级加载中，如果变形量 $\Delta \varphi$ 基本相等，则表明 $\Delta \varphi$ 与 ΔT 为线性关系，符合剪切胡克定律。完成一次加载过程，可计算得到 $\Delta \varphi$ 的一组数据，实验结束后，求 $\Delta \varphi_1$ 到 $\Delta \varphi_4$ 的平均值 $\Delta \varphi_{\Psi}$，代入剪切胡克定律计算弹性模量。即

$$\Delta \varphi_{\Psi} = \frac{\Delta TL}{GI_\mathrm{p}}$$

式中，I_p 为横截面对圆心极惯性矩。

1.5.6 实验步骤及注意事项

(1) 桌面目视基本水平，把仪器放在桌上（先不加砝码托及砝码）。

(2) 调整两悬臂杆的位置，大致达到选定标距，固定左旋臂杆，再固定右旋臂杆，调整右横杆，使百分表触头距试样轴线距离 $b = 100\mathrm{mm}$，并使表针预先转过 10 格以上（b 值也可不调，按实际测值计算）。

(3) 用游标卡尺准确测量标距，在实际计算时用。

(4) 挂上砝码托，记下百分表的初读数。

(5) 分四次加砝码，每加一次记录一次表的读数，加砝码时要缓慢放手。

(6) 实验完毕，卸下砝码。

1.5.7 数据记录及计算

(1) 原始数据记录。测量试样标距 L_0；读百分表读数，并记录于表 1.5.1 中。

试样标距为 $L_0 = \underline{\quad\quad}$ mm。

表 1.5.1 分级加载百分表读数

分级加载	初载 S_0	一次加载 S_1	二次加载 S_2	三次加载 S_3	四次加载 S_4
百分表读数					

(2) 计算。

1) 计算扭转位移，并记录于表 1.5.2 中。

表 1.5.2　扭转位移

分级加载	一次加载 ΔS_1	二次加载 ΔS_2	三次加载 ΔS_3	四次加载 ΔS_4	平均值 $\Delta S_{平}$
百分表刻度变化/格					

2）计算扭转角增量 $\Delta\varphi$：

$$\Delta\varphi = \frac{\Delta S_{平}}{Kb}$$

式中，K 为百分表的放大倍数，100 格/mm；b 为百分表触头距轴线的距离，$b = 100$mm。

3）计算横截面对圆心极惯性矩 I_p：

$$I_p = \frac{\pi d^4}{32}$$

4）计算切变模量 G（单位为 MPa）：

$$G = \frac{\Delta T L_0}{\Delta\varphi I_p}$$

1.5.8　实验作业

（1）说明测定切变模量 G 的实验原理、步骤及注意事项。

（2）根据实验过程中记录的原始数据，计算材料的切变模量 G。

2　电工技术

2.1　基尔霍夫定律与电位的研究

2.1.1　实验目的

（1）验证基尔霍夫定律。

（2）加深对参考方向的理解。

（3）了解电位的相对性以及电压与电位的相互关系。

2.1.2　实验仪器

直流稳压电源、若干电阻、直流电流表、直流电压表、电流插头及插孔。

2.1.3　动手实验预习要求

（1）复习基尔霍夫定律。

（2）明确参考方向和电位的概念。

2.1.4　EWB 仿真实验要求

根据图 2.1.1 所示的电路绘制 EWB 仿真电路，按照表 2.1.1～表 2.1.3 要求记录仿真结果，与手动实验结果相对比。

2.1.5　实验内容

参考电路如图 2.1.2 所示，元件参数可以自行选择。

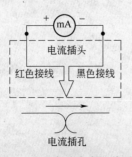

图 2.1.1　实验内容电路图

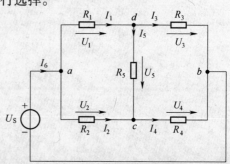

图 2.1.2　参考电路图

2.1.5.1　验证基尔霍夫定律

（1）调准电源电压的值 U_S，连接各元件。

（2）接通电源，测量各元件上的电流值。

（3）测量各元件上的电压。

（4）改变电源电压值，重复上述实验。测三组电压、电流数据，记入表 2.1.1 与表 2.1.2 中，验证各节点上 KCL 定律和各网孔上 KVL 定律。

表 2.1.1　基尔霍夫电流定律（KCL）　　　　　　　　　　　　（mA）

序号	I_1	I_2	I_3	I_4	I_5	I_6	$\sum\limits_{a} I$	$\sum\limits_{b} I$	$\sum\limits_{c} I$
1									
2									
3									

表 2.1.2　基尔霍夫电压定律（KVL）　　　　　　　　　　　　（V）

序号	U_1	U_2	U_3	U_4	U_5	$\sum\limits_{acd} U$	$\sum\limits_{cbd} U$	$\sum\limits_{abcd} U$	
1									
2									
3									

2.1.5.2　测量各节点电位

电路如图 2.1.2 所示，分别以点 a 和点 c 为参考点（零电位点），测量各节点电位，计入表 2.1.3 中。验证电路中任意两点间的电压与参考点的选择无关。

表 2.1.3　电位的测量　　　　　　　　　　　　（V）

条件	V_a	V_b	V_c	V_d	U_{ad}	U_{ac}	U_{db}	U_{cb}	U_{dc}	U_{ab}
$V_a = 0$										
$V_c = 0$										

2.1.6　实验注意事项

（1）所记录的各电压和电流值在所设的参考方向下是有大小和正负的。

（2）用电流插头测电流时，如果是指针式电流表，读数时要注意观察电流表指针偏转的方向。如果指针逆时针偏转应及时拔出电流插头，调换该表的接线再读数，并将其读数记为负值。

2.1.7　实验报告要求

（1）根据实验数据验证 KCL 和 KVL 定律。

（2）根据实验数据分析电路中电位、电压与参考点的关系。

（3）回答思考题。

（4）交仿真报告（包含仿真电路图、仿真结果、结果分析）。

2.1.8　思考题

（1）在测量电流和电压时，如何判定在所设参考方向下测量值的正负号？
（2）在图 2.1.2 中，如果 R_1 在支路断开，对 acd "回路"是否还满足 KVL 定律？

2.2　等效电源定理与叠加定理

2.2.1　实验目的

（1）加深对等效电源定理（戴维南定理和诺顿定理）与叠加定理的理解。
（2）学习线性含独立源一端口网络等效电路参数的测量方法。

2.2.2　实验仪器

直流电压表、直流电流表、万用表、直流稳压电源、直流稳流电源、相关电阻元件。

2.2.3　动手实验预习要求

（1）复习等效电源定理和叠加定理。
（2）确定等效电源电阻的几种方法及其优缺点。
（3）含独立源二端网络及其戴维南等效电路的等效条件。

2.2.4　EWB 仿真实验要求

　　根据实验内容图 2.2.1 和图 2.2.2 所示的电路绘制 EWB 仿真电路，完成叠加定理的仿真实验，要求记录仿真结果，与手动实验结果相对比。根据戴维南定理的内容，自行设计 EWB 仿真实验，绘制仿真电路，记录仿真结果，进行数据分析。

2.2.5　实验内容

2.2.5.1　验证叠加定理

　　电路如图 2.2.1 所示。首先测量各支路电流；再将电路分解为各独立源单独作用的分解电路如图 2.2.2 所示，分别测各支路电流；最后计算各分解电路电流的叠加。将测量和计算结果填入自拟表格中，得出结论。

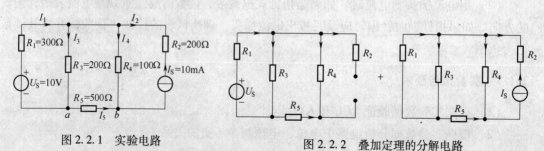

图 2.2.1　实验电路　　　　　　　　图 2.2.2　叠加定理的分解电路

2.2.5.2　验证戴维南定理

电路不变，把 ab 支路（即 R_5 支路）以外的部分看成是一个含独立源二端网络。用两表法测其戴维南等效电路参数，并构造出等效电路如图2.2.3所示。外接相同的电阻 R_5，测量此时的 R_5 中的电流 I，与2.2.5.1中测得的数据相比较，说明结论。

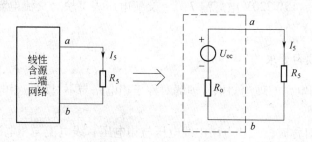

图2.2.3　戴维南定理实验图

2.2.6　实验注意事项

（1）测量时应注意电压和电流的实际方向，以测量时仪表的极性来判断。

（2）验证叠加定理时，注意各支路电流在所设参考方向下有大小和正负号。

（3）验证戴维南定理时，该二端网络外部的电路在实验前后应保持不变。

2.2.7　实验报告要求

（1）将所测数据填入自拟表格，完成相应计算，分析结果。

（2）将实验测得的戴维南等效电阻值与理论计算值进行比较，分析误差原因。

（3）交仿真报告（包含仿真电路图、设计内容、仿真结果、数据分析）。

（4）回答思考题。

2.2.8　思考题

（1）两个二端网络等效的充要条件是什么？

（2）在求线性含独立源一端口网络等效电路中的电阻时，如何理解"该网络中所有独立源置零"？实验中怎样将独立源置零？

（3）测量含源二端网络等效电路电阻共有几种方法？各有什么优缺点？

（4）若给定一线性含独立源一端口网络，在不测量 U_{oc} 和 I_{sc} 的情况下，如何用实验方法求得该网络的等效参数？

（5）能否用叠加定理计算电阻上的功率？

2.3　三相交流电路及其功率的测量

2.3.1　实验目的

（1）加深对三相电路中线电压与相电压，线电流与相电流关系的理解。

（2）了解三相四线制供电线路的中线作用。

（3）学习电阻性三相负载的星形连接和三角形连接方法。

2.3.2　实验仪器与设备

三相电源 1 个、15W220V 电灯泡 7 只、交流电压表 1 块、交流电流表 1 块、功率表 1 块、容器 1 个。

2.3.3　动手实验预习要求

（1）复习三相电路的理论知识，理解对称三相电路与不对称三相电路的区别，并注意其相应的特点。

1）掌握负载对称时，三相电路中线电压与相电压、线电流与相电流之间的数量关系。

2）负载不对称，星形连接，有中线时各灯泡亮度是否一样？断开中线，各灯泡亮度是否一样？注意在实验中观察记录这一重要现象，加深理解中线的作用。

3）负载对称，星形连接，无中线。若有一相负载发生短路或断路故障时，对其余两相负载的影响如何？灯泡亮度有何变化？注意在实验中观察这一现象。

4）负载对称，三角形连接，若一根火线发生断路故障时，对各相负载的影响如何？灯泡亮度有何变化？注意在实验中观察这一现象。

（2）根据本次实验的任务要求和实验室提供的电源及仪器设备，实验前必须做好充分准备。

1）分别画出负载星形连接和三角形连接的电路图（标出电源电压、负载额定值、仪表量程及必要的文字符号）。

2）正确选取交流电压表和交流电流表的量程，并核对所给的功率表的电流量程和电压量程用于本实验是否适宜。

2.3.4　实验内容与步骤

（1）负载星形连接。星形连接的三相电路如图 2.3.1 所示，在下列各种情况下分别测量三相负载的线电压、相电压及中点电压；三相负载的线电流、相电流及中线电流；三相负载的有功功率。将数据分别填入表 2.3.1 中，并作出相应的相量图。

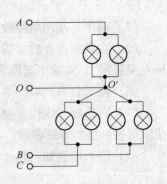

图 2.3.1　星形连接

1）星形连接，有中线，负载对称，每相负载由两个灯泡并联组成，且全亮。

2）星形连接，有中线，负载不对称，*A* 相、*B* 相负载的灯泡全亮，*C* 相负载的灯泡一亮一灭。

3）星形连接，有中线，负载不对称，*A* 相、*B* 相负载的灯泡全亮，*C* 相负载的灯泡全灭。

4）星形连接，无中线，负载对称，每相负载由两个灯泡并联组成，且全亮。

5）星形连接，无中线，负载不对称，*A* 相、*B* 相负载的灯泡全亮，*C* 相负载的灯泡一亮一灭。

6）星形连接，无中线，负载不对称，A 相、B 相负载的灯泡全亮，C 相负载的灯泡全灭。

（2）负载三角形连接。负载三角形连接的三相电路如图 2.3.2 所示。在下列各种情况下，分别测量三相负载的线电压、相电压；三相负载的线电流、相电流；三相负载的有功功率。将数据分别填入表 2.3.2 中，并做出相应的相量图。

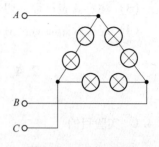

图 2.3.2　三角形连接

1）负载对称，每相负载由两个灯泡串联组成。

2）负载不对称，A 相、C 相负载由两个灯泡串联组成，B 相负载由三个灯泡串联组成。

3）负载对称，每相负载由两个灯泡串联组成，但 A 线断开。

4）负载不对称，A 相、B 相负载由两个灯泡串联组成，C 相负载由三个灯泡串联组成，A 线断开。

表 2.3.1　星形连接

线电压/V			相电压/V			中点电压/V	相量图
U_{AB}	U_{BC}	U_{CA}	$U_{AO'}$	$U_{BO'}$	$U_{CO'}$	$U_{OO'}$	
线电流/A			相电流/A			中线电流/A	
I_A	I_B	I_C	$I_{AO'}$	$I_{BO'}$	$I_{CO'}$	$I_{OO'}$	$\vec{U}_{O'O}$
有功功率/W			U_L 与 U_P 有无 $\sqrt{3}$ 关系				
P_A	P_B	P_C					

表 2.3.2　三角形连接

线电流/A			相电流/A			I_L 与 I_P 有无 $\sqrt{3}$ 关系	
I_A	I_B	I_C	I_{AB}	I_{BC}	I_{CA}		
线（相）电压/V			有功功率/W				$\vec{I}_{AB}$
U_{AB}	U_{BC}	U_{CA}	P_{AB}	P_{BC}	P_{CA}		

2.3.5　实验报告要求

画出实验电路图，在各个表中填入实验数据，作出相应的相量图。

2.3.6　实验注意事项

（1）相序测定器所接电容务必小于 $0.6\mu\mathrm{F}$。

（2）测量时严禁接触带电端钮或电路裸部分，改接线路前应断开电源，再将电容器短路放电。

（3）注意仪表量程，切勿超过量程。

（4）连接线路时防止由于疏忽而引起电源短路。

2.4　一阶 *RC* 电路的暂态响应及应用

2.4.1　实验目的

（1）观察 *RC* 电路的暂态过程，加深对暂态过程的理解。

（2）学习用示波器测定 *RC* 电路暂态过程时间常数的方法。

（3）了解电路时间常数对微分电路和积分电路输出波形的影响。

（4）学习用示波器观察和分析电路的响应。

2.4.2　实验仪器与设备

多波形信号源 1 个、双踪示波器 1 台、电容器与电阻器若干。

2.4.3　动手实验预习要求

（1）复习电容器的充放电过程及微分、积分电路的理论，根据实验中使用的矩形脉冲电，并根据 t 值选择微压频率 $f=1\text{kHz}$ 及实验板上 R、C 值，预先计算出矩形脉冲的宽度 t_p，并根据 t_p 的值选择微分电路和积分电路的参数。

（2）熟悉函数信号发生器和双踪示波器的使用方法，学习用示波器测定电压幅值及方波脉冲电压频率的方法。

2.4.4　EWB 仿真实验设计

根据本次实验内容，自行设计 EWB 仿真实验，绘制仿真电路，记录仿真结果，分析电路参数的变化对结果的影响。

2.4.5　实验内容与步骤

观察 *RC* 电路充电、放电波形并用示波器测定时间常数 τ。

（1）采用函数信号发生器输出 5V、1kHz 方波作为该实验的输入电压 u，调解函数信号发生器和示波器处于工作状态。

（2）按如图 2.4.1 所示方式接线，用示波器的 CH2 测定方波脉冲的幅值，使之为 5V，测定频率为 1kHz。用示波器的 CH1 观察 u_C 的波形，测定 *RC* 电路的时间常数。注意两台仪器之间要有公共的参考点。

（3）观察 *RC* 电路的微分波形，根据实验电路板所给参数，选取 R 和 C 值，$\tau \approx 0.1 t_\text{p}$ 并把观察到 u 波形按一定比例描绘下来，填入表 2.4.1 中。调节 R_p 观察其值变化时对微分波形的影响。

（4）观察 *RC* 电路积分波形根据实验电路板所给参数，选取 R 和 C 值，$\tau \approx 10 t_\text{p}$，并

把观察到的 u 波形按一定比例描绘下来，填入表 2.4.2 中。调节 R_p 观察其值变化时对微分波形的影响。

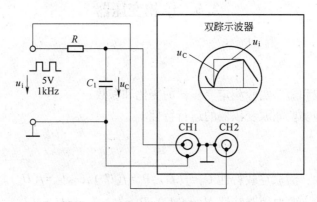

图 2.4.1 实验电路

表 2.4.1 实验记录（微分波形）

波 形 名 称	参 数		波形图（$\tau \approx 0.1t_p$）
微分电路 输出电压 u_R 的波形	t_p/ms		u_R/V O $\qquad$ t/ms
	$R/k\Omega$		
	$c/\mu F$		
	τ/ms	计算值	
		测量值	

表 2.4.2 实验记录（积分波形）

波 形 名 称	参 数		波形图（$\tau \approx 0.1t_p$）
积分电路 输出电压 u_C 的波形	t_p/ms		u_C/V O $\ \tau\ $ t/ms
	$R/k\Omega$		
	$c/\mu F$		
	τ/ms	计算值	
		测量值	

2.4.6 实验报告要求

（1）画出实验电路，整理实验数据并画出波形曲线。

（2）说明用示波器测定时间常数 τ 的方法，将所测得的数值与计算值比较。

（3）总结时间常数对 RC 电路暂态过程的影响，并总结微分电路和积分电路的设计原则。

（4）交仿真报告（包含仿真电路图、设计内容、仿真结果、数据分析）。

2.4.7 实验注意事项

（1）切勿将函数信号发生器电源输出端短路，避免损坏仪器。

（2）示波器与所用电源的公共地线必须接在一起。

2.5　单相变压器

2.5.1　实验目的

（1）通过空载和短路实验测定变压器的变比和参数。
（2）通过负载实验测取变压器的运行特性。

2.5.2　实验项目

（1）空载实验：测取空载特性 $U_0 = f(I_0)$，$P_0 = f(U_0)$，$\cos\phi_0 = f(U_0)$。
（2）短路实验：测取短路特性 $U_K = f(I_K)$，$P_K = f(I_K)$，$\cos\phi_K = f(I_K)$。

2.5.3　实验方法

（1）实验设备见表2.5.1。

表2.5.1　实验设备清单

序号	型号	名称	数量/件
1	D33	交流电压表	1
2	D32	交流电流表	1
3	D34-3	单三相智能功率、功率因数表	1
4	DJ11	三相组式变压器	1
5	D42	三相可调电阻器	1
6	D43	三相可调电抗器	1
7	D51	波形测试及开关板	1

（2）屏上排列顺序为 D33、D32、D34-3、DJ11、D42、D43。

2.5.3.1　空载实验

（1）在三相调压交流电源断电的条件下，按图2.5.1接线。被测变压器选用三相组式变压器 DJ11 中的一只作为单相变压器，其额定容量 $P_N = 77W$，$U_{1N}/U_{2N} = 220/55V$，$I_{1N}/I_{2N} = 0.35/1.4A$。变压器的低压线圈 a、x 接电源，高压线圈 A、X 开路。

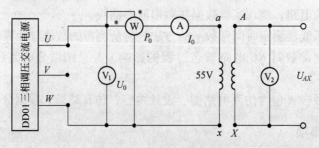

图2.5.1　空载实验接线图

（2）选好所有电表量程。将控制屏左侧调压器旋钮向逆时针方向旋转到底，即将其调到输出电压为零的位置。

（3）合上交流电源总开关，按下"开"按钮，便接通了三相交流电源。调节三相调压器旋钮，使变压器空载电压 $U_0 = 1.2U_N$，然后逐次降低电源电压，在 $(1.2 \sim 0.2)U_N$ 的范围内，测取变压器的 U_0、I_0、P_0。

（4）测取数据时，$U = U_N$ 点必须测，并在该点附近测的点较密，共测取数据 4~6 组。记录于表 2.5.2 中。

（5）为了计算变压器的变比，在 U_N 以下测取原方电压的同时测出副方电压数据也记录于表 2.5.2 中。

表 2.5.2　空载实验数据与计算结果记录

序号	实　验　数　据				计算数据
	U_0/V	I_0/A	P_0/W	U_{AX}/V	$\cos\phi_0$

2.5.3.2　短路实验

（1）按下控制屏上的"关"按钮，切断三相调压交流电源，按如图 2.5.2 所示接线（以后每次改接线路，都要关断电源）。将变压器的高压线圈接电源，低压线圈直接短路。

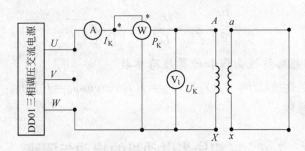

图 2.5.2　短路实验接线图

（2）选好所有电表量程，将交流调压器旋钮调到输出电压为零的位置。

（3）接通交流电源，逐次缓慢增加输入电压，直到短路电流等于 $1.1I_N$ 为止，在 $(0.2 \sim 1.1)I_N$ 范围内测取变压器的 U_K、I_K、P_K。

（4）测取数据时，$I_K = I_N$ 点必须测，共测取数据 4~6 组记录于表 2.5.3 中。实验时记下周围环境温度（℃）。

表 2.5.3　短路实验数据与计算结果记录　　　　　室温：　℃

序号	实 验 数 据			计 算 数 据
	U_K/V	I_K/A	P_K/W	$\cos\phi_K$

2.5.4　注意事项

（1）在变压器实验中，应注意电压表、电流表、功率表的合理布置及量程选择。

（2）短路实验操作要快，否则线圈发热引起电阻变化。

2.5.5　实验报告

2.5.5.1　计算变比

由空载实验测变压器的原副方电压的数据，分别计算出变比，然后取其平均值作为变压器的变比 K：

$$K = U_{AX}/U_{ax}$$

2.5.5.2　绘出空载特性曲线和计算激磁参数

（1）绘出空载特性曲线 $U_0 = f(I_0)$，$P_0 = f(U_0)$，$\cos\phi_0 = f(U_0)$。

（2）计算激磁参数。

从空载特性曲线上查出对应于 $U_0 = U_N$ 时的 I_0 和 P_0 值，并由下式算出激磁参数：

$$\cos\phi_0 = \frac{P_0}{U_0 I_0}$$

$$r_m = \frac{P_0}{I_0^2}, \ Z_m = \frac{U_0}{I_0}, \ X_m = \sqrt{Z_m^2 - r_m^2}$$

2.5.5.3　绘出短路特性曲线和计算短路参数

（1）绘出短路特性曲线 $U_K = f(I_K)$，$P_K = f(I_K)$，$\cos\phi_K = f(I_K)$。

（2）计算短路参数。

2.6　三相异步电动机的启动与调速

2.6.1　实验目的

通过实验掌握异步电动机的启动和调速的方法。

2.6.2　实验项目

（1）线绕式异步电动机转子绕组串入可变电阻器启动。

（2）线绕式异步电动机转子绕组串入可变电阻器调速。

2.6.3 实验设备

（1）实验设备及其型号与数量见表 2.6.1。

表 2.6.1 三相异步电动机启动与调速实验的设备

序号	型　号	名　称	数量/件
1	DD03	导轨、测速发电机及转速表	2
2	DJ17	三相线绕式异步电动机	1
3	DJ23	校正过的直流电机	1
4	D31	直流电压、毫安、安培表	1
5	D32	交流电流表	1
6	D33	交流电压表	1
7	D43	三相可调电抗器	1
8	D51	波形测试板及开关板	1

（2）屏上挂件排列顺序为 D33、D32、D51、D31、D43。

2.6.4 实验方法

（1）线绕式异步电动机转子绕组串入可变电阻器启动，电机定子绕组 Y 形接法。

1）按图 2.6.1 接线。

2）转子每相串入的电阻可用 DJ17-1 启动与调速电阻箱。

3）调压器退到零位。

4）接通交流电源，调节输出电压（观察电机转向应符合要求），在定子电压为 180V，转子绕组分别串入不同电阻值时，测取定子电流和转矩。

5）试验时通电时间不应超过 10s 以免绕组过热。数据记入表 2.6.2 中。

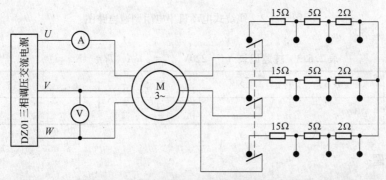

图 2.6.1 线绕式异步电动机转子绕组串电阻启动

表 2.6.2 实验数据记录

R_{st}/Ω	0	2	5	15
F/N				
I_{st}/A				
$T_{st}/N \cdot m$				

（2）线绕式异步电动机转子绕组串入可变电阻器调速。

1）实验线路图如图 2.6.2 所示。同轴连接校正直流电机 MG 作为线绕式异步电动机 M 的负载。电路接好后，将 M 的转子附加电阻调至最大。

2）合上电源开关，电机空载启动，保持调压器的输出电压为电机额定电压 220V，转子附加电阻调至零。

3）调节校正电机的励磁电流 I_f 为校正值（100mA 或 50mA），再调节直流发电机负载电流，使电动机输出功率接近额定功率并保持这输出转矩 T_2 不变，改变转子附加电阻（每相附加电阻分别为 0Ω、2Ω、5Ω、15Ω）观察相应的转速记录于表 2.6.3 中。

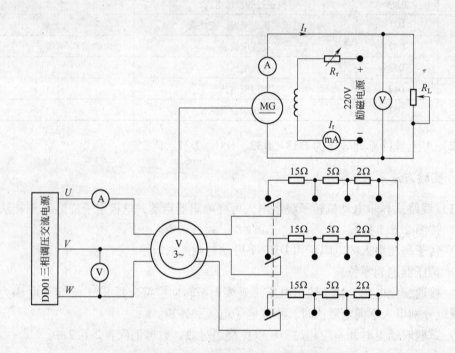

图 2.6.2 线绕式电动机串电阻调速电路图

表 2.6.3 转速记录（$U = 220V$, $I_f = \quad mA$, $T_2 = \quad N \cdot m$）

R_{st}/Ω	0	2	5	15
$n/r \cdot min^{-1}$				

2.6.5 思考题

（1）分析线绕式异步电动机转子绕组串入电阻对启动电流的影响。

（2）分析线绕式异步电动机转子绕组串入电阻对电机转速的影响。

（3）启动电流和外施电压成正比，启动转矩和外施电压的平方成正比在什么情况下才能成立？

（4）启动时的实际情况和上题假定是否相符？不相符的主要因素是什么？

2.7 三相异步电动机的继电器控制

2.7.1 实验目的

（1）了解时间继电器的结构、使用方法、延时时间的调整及在控制系统中的应用。
（2）熟悉 Y-△降压启动控制电路的工作原理、运行情况及操作方法。

2.7.2 实验仪器与设备

三相交流电源 1 个、三相鼠笼式异步电动机 1 台、交流接触器 3 个、时间继电器 1 个、热继电器 1 个、按钮 2 个、万用表 1 块。

2.7.3 预习要求

（1）复习异步电动机降压启动的有关知识。
（2）复习鼠笼式电动机的 Y-△启动控制线路的工作原理。
（3）复习通电延时的时间继电器的工作原理。
（4）了解本实验所采用的控制线路的工作原理、实验步骤及注意事项。

2.7.4 实验内容与步骤

（1）按图 2.7.1 接线，为避免或减少接线错误，应注意接线顺序，讲究接线技巧。先接主电路，后接控制电路。
（2）在断电的情况下，可使用万用表电阻档检查线路。
（3）经指导教师检查同意后接通电源，进行操作，观察电动机的启动过程。
（4）断开电源，将时间继电器的延时时间设定为另一数值，重新启动电动机，观察接触器 KM_3 的动作时间是否改变。

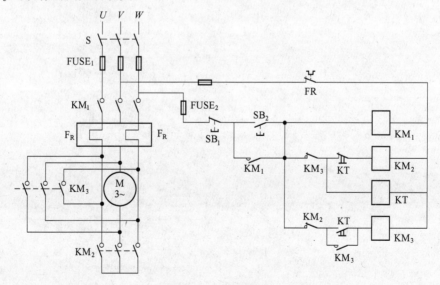

图 2.7.1　试验线路

2.7.5　实验报告要求

画出本次实验的电路图，简单说明异步电动机 Y-△ 启动的时间控制线路的工作原理。

2.7.6　实验注意事项

（1）使用万用表电阻档检查线路时，一定要事先断电。

（2）注意区别通电延时和断电延时两种时间继电器的符号。

3 电子技术

3.1 共射极放大电路

3.1.1 实验目的

(1) 学会测量和调试放大器的静态工作点。
(2) 掌握测量放大器的电压放大倍数、动态范围和幅频特性的方法。
(3) 了解负载和静态工作点对放大器性能的影响。
(4) 进一步熟悉示波器、函数信号发生器、低频毫伏表使用方法。

3.1.2 实验仪器

示波器、函数信号发生器、低频毫伏表、万用电表。

3.1.3 实验内容

(1) 按图3.1.1接线。组成测量系统并粗调放大器，使其处于正常工作状态。

1) 按图3.1.1连接仪器，并注意：①为了避免不必要的机壳间相互感应引起的干扰，必须将所有仪器的接地端连接在地线上，简称"仪器共地"。②直流稳压电源接入放大电路实验板之前，先将稳压电源的输出电压调至图中所标定的 V_{CC} 值。然后关断电源，再与放大电路实验板连接，电源的极性千万不能接反。

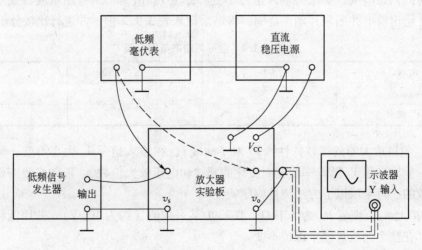

图 3.1.1 测量系统图

2）粗调放大器的静态工作点。①先断开低频信号发生器的输出线，后将放大器的输入端短路，在此情况下，用万用电表的直流电压档测量晶体管的集-射电压 V_{CE}。若 $V_{CE} = V_{CC}$，说明晶体管处于截止状态；若 $V_{CE} < 0.5V$，表示晶体管处于饱和状态；②调节 R_P，V_{CE} 随之改变，说明静态工作点可调，放大器能正常工作。通过测量集电极负载电阻 R_C 两端的电压 V_{RC}，可算出集电极电流 I_C 之值。

（2）测量和观察静态工作点的变化对放大器性能的影响

1）调节并测量静态工作点调节 R_P 值使 I_C 为 0.5mA，并测量 V_{CE} 值。

2）测量放大器的电压放大倍数和动态范围调节低频信号发生器，使放大器输入端得到 $f = 1kHz$、$V_i \approx 5mV$ 的正弦电压，用示波器监视输出电压的波形。在输出不失真的情况下，用低频毫伏表测量输入电压 V_i 和带负载 R_L 后的输出电压 V_{OL}，计算电压放大倍数 A_V。然后加大输入电压，直到输出电压的波形将要失真（饱和失真或截止失真）而尚未失真时为止，用示波器测出此时输出电压的峰-峰值 V_{OP-P}，这就是放大器的动态范围。改变 R_{B1} 的大小，取不同的 I_C 值，重复上述测量，将数据填入表 3.1.1 中，并加以比较。

表 3.1.1　实验数据

I_C/mA	0.5	0.8	1.0	1.2
V_{Rc}/V				
V_{CE}/V				
V_i/mV				
V_{OL}/V				
V_{OP-P}/V				
$\mid A_V \mid = V_{OL}/V_C$				

（3）观察集电极负载电阻值的变化对放大器性能的影响。调节 R_P 使 $I_C = 1mA$。不接 R_L，保持放大器的其他元件值不变，然后调节输入信号的幅度，达到最大不失真输出后，记录此时的动态范围，并保持输入信号不变。改变 R_C 值为 2kΩ，用示波器观察输出波形的变化，绘出波形并测量其动态范围，将结果记入表 3.1.2 中，并进行比较分析。

表 3.1.2　波形与动态范围记录

$R_C/k\Omega$	5.1	2.0	1.0
V_{OP-P}/V			
V_O 波形			

（4）测量放大器的幅频特性（即 A_V-f 曲线）。在输入信号 V_i 大小不变、频率改变的情况下，输出电压 V_o 随频率改变而变化的规律和电压放大倍数 A_V 随频率改变而变化的规律是一致的。可采取以下方法测量幅频特性。

1）接上 R_L，恢复 R_C 为 5.1kΩ，取 V_i 为某一数值（约为 10mV），并用低频毫伏表监测，使其在整个测量过程中保持不变。

2）改变 V_i 的频率，用示波器观察输出电压 V_o 的变化。粗略观察，V_o 基本不变的频率范围即为中频段。然后再调节 V_i 的频率至中频段的某一频率（约为 10kHz），用示波器测量输出电压的峰-峰值在荧光屏上的高度 H_M（可调节示波器使其为 8div）。

3）向低频方向改变 V_i 的频率，找出输出电压的峰-峰值高度为 $0.707H_M$ 时的频率 f_L。f_L 即为放大器的下限频率。再向高频方向改变 V_i 的频率，用同样方法可找到放大器的上限频率 f_H，就可求出此放大器的通频带 B_W。

4）测量幅频特性（选做）。在上述测量 f_L、f_H 基础上，为了便于作图，在中频段可少测几个点，在 f_L 和 f_H 附近多测几个点，将数据填入表 3.1.3 并进行处理，就可绘出放大器的幅频特性图（频率用对数坐标表示）。

表 3.1.3　幅频特性实验数据记录

名　称	$V_1 = 100\text{mV}$						
f/Hz							
V_0/V							
A_V							
$\lg f/\text{Hz}$							

注意：（1）在测出 H_M 后的整个测量过程中，示波器"Y 衰减"和"微调"旋钮的位置应固定不变。（2）测量上限频率 f_H 时，如果 f_H 远远高于所用低频率信号发生器的频率范围，可以人为地增大输出端电容，即在放大器的输出端并联一个 $300\sim430\text{pF}$ 的电容，使 f_H 降低到信号发生器的频率范围内。

3.1.4　实验报告

（1）画出实验电路图。
（2）整理和分析实验数据。
（3）用坐标纸画出幅频特性图，并标出 f_L 和 f_H。
（4）回答思考题。

3.1.5　思考题

（1）根据数据，能否说 A_V 随 R_C 的增大而无限增大，为什么？
（2）在图 3.1.1 所示电路中，若耦合电容 C_2 严重漏电（甚至短路），试问接上 R_L 后，对放大器的性能有何影响？
（3）测量放大器的幅频特性时，如果所用示波器的显示屏很小，能否用保持输出电压不变的方法来提高测量精度？如果能，怎样测量？

3.2　集成运放的基本应用——信号运算电路

3.2.1　实验目的

（1）加深理解集成运放的电压传输特性曲线及其在线性区的特点。
（2）掌握用集成运放组成比例、加法、减法和积分运算电路的方法。
（3）学会对上述运算电路的测试和分析方法。

（4）了解集成运放在实际应用中应注意的问题。

3.2.2 实验仪器

+12V 直流电源、函数信号发生器、双踪示波器、频率计、交流毫伏表、直流电压表、晶体三极管 3DG6 两支（$\beta=50\sim100$）或 9011 两支、电阻器、电容器若干、放大器。

3.2.3 动手实验预习要求

（1）集成运放的电压传输特性及其在线性区的应用特点。
（2）根据设计要求画出各运算电路图，分析测试结果。

3.2.4 仿真实验要求

采用 EWB 软件仿真信号运算电路，按实验内容要求，设计仿真原理图，分析输入和输出的关系。

3.2.5 实验内容

分别按下列要求设计仿真实验：
（1）同相比例运算放大电路 $u_o = 10u_i$；
（2）反相比例运算放大电路 $u_o = -11u_i$；
（3）反相求和运算电路 $u_o = -10(u_{i1} + u_{i2})$。

3.2.6 实验注意事项

实验前先熟悉集成运放各管脚的位置和功能，切忌将正、负电源的极性接反或输出端短路，以防损坏集成芯片。

3.3 编码、译码显示电路

3.3.1 实验目的

（1）熟悉中规模集成电路计数器的功能及应用。
（2）熟悉中规模集成电路译码器的功能及应用。
（3）熟悉 LED 数码管及其驱动电路的工作原理。
（4）初步学会综合安装调试的方法。

3.3.2 实验器材

数字逻辑实验箱 DSB-3 1 台、万用表 1 只、74LS90 元器件 2 块、74LS49 元器件（或 74LS249）1 块、共阴型 LED 数码管 1 块、导线若干。

3.3.3 实验内容与步骤

用集成计数器 74LS90 分别组成 8421 码十进制和六进制计数器，然后连接成一个 60

进制计数器（6 进制为高位、10 进制为低位）。其中 10 进制计数器用实验箱上的 LED 译码显示电路显示（注意高低位顺序及最高位的处理），6 进制计数器由自行设计、安装的译码器、数码管电路显示，这样组成一个 60 进制的计数、译码、显示电路。用实验箱上的低频连续脉冲作为计数器的计数脉冲，通过数码管观察计数、译码、显示电路的功能是否正确。建议每一小部分电路安装完后，先测试其功能是否正确，正确后再与其他电路相连。

3.3.4 实验报告要求

（1）画出 60 进制计数、译码、显示的逻辑电路图。

（2）说明实验步骤。

（3）简要说明数码管自动计数显示的情况（可列省略中间某些计数状态的计数状态顺序表说明）。

（4）根据实验中的体会，说明综合安装调试较复杂中小规模数字集成电路的方法。

（5）回答思考题：

1）共阴、共阳型 LED 数码管应分别配用何种输出方式的译码器？

2）如何确定数码管驱动电路中的限流电阻值？

3）如果 60 进制计数器采用高位接 10 进制、低位接 6 进制的方式，计数顺序如何（可列省略中间某些状态的计数状态顺序表说明）？

3.4 触 发 器

3.4.1 实验目的

（1）学会测试触发器逻辑功能的方法。

（2）进一步熟悉 RS 触发器、集成 JK 触发器和 D 触发器的逻辑功能及触发方式。

（3）熟悉数字逻辑实验箱中单脉冲和连续脉冲发生器的使用方法。

3.4.2 实验器材

数字逻辑实验箱 DSB-3、二踪示波器 XJ4328 各 1 台，万用表 1 块，元器件 74LS00（T065）、74LS74、74LS76 各 1 块，导线若干。

3.4.3 实验内容和步骤

3.4.3.1 基本 RS 触发器逻辑功能测试

利用数字逻辑实验箱测试由与非门组成的基本 RS 触发器的逻辑功能，将测试结果记录在表 3.4.1 中。

3.4.3.2 JK 触发器逻辑功能的测试

按表 3.4.2 测试并记录 JK 触发器的逻辑功能（表中 CP 信号由实验箱操作板上的单次脉冲发生器 P+提供，手按下产生 0→1，手松开产生 1→0）。

表 3.4.1　基本 *RS* 触发器逻辑功能测试记录

步　骤	$\bar{R}$	$\bar{S}$	Q	$\bar{Q}$	功能
1	0	0			
2	0	1			
3	1	1			
4	1	0			

表 3.4.2　*JK* 触发器逻辑功能测试记录

步骤	$\bar{R}$	$\bar{S}$	J	K	CP	Q^{n+1}	
						$Q^n = 0$	$Q^n = 1$
1			0	0	$0 \rightarrow 1$		
2			0	0	$1 \rightarrow 0$		
3			0	1	$0 \rightarrow 1$		
4			0	1	$1 \rightarrow 0$		
5	1		1	0	$0 \rightarrow 1$		
6			1	0	$1 \rightarrow 0$		
7			1	1	$0 \rightarrow 1$		
8			1	1	$1 \rightarrow 0$		

3.4.4　实验报告要求

（1）画出实验测试电路，整理实验测试结果，列表说明，画出工作波形图。

（2）比较各种触发器的逻辑功能及触发方式。

3.5　集成触发器的应用

3.5.1　实验目的

（1）学习用触发器构成寄存器。

（2）了解触发器构成脉冲分配器的原理。

3.5.2　动手实验预习要求

（1）熟悉数码寄存器的逻辑电路图及工作原理。

（2）复习脉冲分配器的工作原理。

3.5.3　实验仪器及器件

电子学综合试验装置 1 台、双踪示波器 1 台、集成芯片若干。

3.5.4 实验内容与步骤

3.5.4.1 数码寄存器

（1）按图 3.5.1 接线，测试输入、输出间的逻辑关系。

（2）在 $\overline{R}_D$ 端加复位信号，使寄存器清零。

（3）在数码输入端任意加四位二进制数码（由开关电平输出端设置），观察寄存器状态在脉冲上升沿和下降沿的变化情况。

（4）改变输入端数码，不发寄存脉冲，观察寄存器状态有无改变。

（5）记录观测结果。

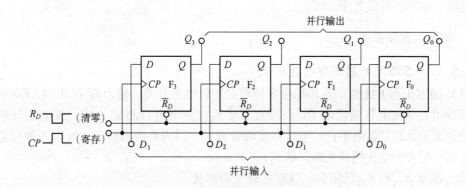

图 3.5.1 数码寄存器的逻辑图

3.5.4.2 循环脉冲分配器

（1）选用 74LS74 双 D 触发器，按图 3.5.2 接成单向循环脉冲分配器，并将各触发器输出端接逻辑电平显示电路上。输入端接开关电平输出上。

（2）利用置位、复位信号使初始状态 Q_2 Q_1 $Q_0 = 1$ 0 0。

（3）用 1Hz 时钟脉冲（或手动脉冲）CP，观察并记录脉冲作用后各触发器的状态变化，绘出工作波形图。

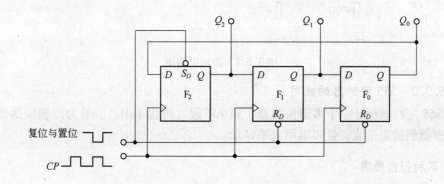

图 3.5.2 循环脉冲分配器逻辑图

3.6 定时器的应用

3.6.1 实验目的

（1）熟悉 555 定时器逻辑功能的测试方法。

（2）熟悉 555 定时器的工作原理及其应用。

3.6.2 实验器材

数字逻辑实验箱 DSB-3、二踪示波器 XJ4328 各 1 台，万用表 2 只，NE555 元器件 1 块，电阻、电容、导线若干。

3.6.3 实验内容和步骤

3.6.3.1 555 定时器逻辑功能测试

（1）按图 3.6.1 接线，将 R 端接实验箱的逻辑电平开关，输出端 OUT 接 LED 电平显示，用万用表测放电管输出端 DIS，检查无误后，方可进行测试（注：放电管导通时灯灭，因是输出状态是低电平；放电管截止时灯也灭，因为是高阻状态。所以不能用电平显示而要用万用表的电压档来判断其状态）。

（2）改变 R_{w1} 和 R_{w2} 的阻值，观察状态是否改变。

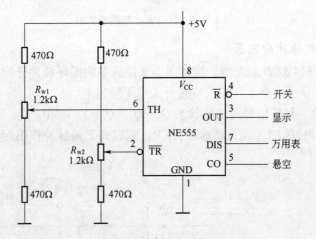

图 3.6.1 逻辑电路图

3.6.3.2 555 定时器的应用

用 555 定时器设计一个多谐振荡器，频率不限（可为 1kHz）。若为高频振荡器，用示波器观察得到的矩形波；低频则用电平显示。

3.6.4 实验报告要求

（1）整理实验数据，将结果列入表 3.6.1 中，回答相关问题。

（2）总结 555 定时器的逻辑功能。

表 3.6.1 实验数据记录

步骤	$\overline{TR}$	TH	$\overline{R}$	OUT	转换电压
0	$>1/3V_{CC}$	$<2/3V_{CC}$	$0 \longrightarrow 1$	0	X
1	$\rightarrow <1/3V_{CC}$	$<2/3V_{CC}$	1		
2	$\rightarrow >1/3V_{CC}$				
3	$>1/3V_{CC}$	$\rightarrow >2/3V_{CC}$			
4		$\rightarrow <2/3V_{CC}$			
5	$>1/3V_{CC}$	$\rightarrow >2/3V_{CC}$			
6	$\rightarrow <1/3V_{CC}$	$>2/3V_{CC}$			

3.7 抢答逻辑电路的设计

3.7.1 设计任务与要求

（1）参加抢答组数五组以上。

（2）判定抢答电路：能迅速、准确地判定抢答者，同时封锁其他路输入，使其他组再按开关无效，并能对抢中者有声、光显示。

（3）计数、显示电路：每组有 3 位十进制计分显示电路，可以手动进行加/减计分。

（4）设置复位按钮。

3.7.2 实验内容要求

（1）理解设计要求，查找相应资料。

（2）画出总体设计框图，包括判定抢中部分、计分部分、显示部分。

（3）设计各部分单元电路。

（4）用 EWB 绘原理图并进行仿真。

（5）在电子学综合实验装置上接好电路，调试并达到设计要求。

（6）写出实验报告。

3.8 数字电子钟的电路设计

3.8.1 设计任务与要求

（1）准确计时，以数字形式显示 h、min、s 的时间。

（2）小时的计时要求为十二进位，分和秒的计时要求为六十进位。

（3）具有校正时间功能。

3.8.2 实验内容要求

（1）根据设计要求调研、查找并收集资料。

（2）总体设计并画出总体设计框图。

（3）各单元电路设计。

（4）绘出原理图并进行仿真。

（5）在电子学综合实验装置上搭接电路，调试、改进直到满足设计要求。

（6）写出实验报告。

4 机 械 原 理

能力培养目标：通过机械原理实验，使学生加强对机械原理课程中有关概念、原理的理解和掌握程度。学会机构运动简图的测绘方法，进一步熟悉有关常用构件和运动副简图符号的含义。了解计算机辅助机构运动参数的测定与数据的处理方法，齿轮范成法加工原理和齿轮主要参数的测定，培养学生机构运动方案创新设计能力。

4.1 典型机构的认知实验

4.1.1 实验目的

（1）初步了解机械原理课程所研究的各种常用机构的结构、类型、特点及应用实例。
（2）增强学生对机构与机器的感性认识。

4.1.2 实验设备

（1）连杆机构陈列柜，凸轮机构陈列柜，齿轮机构陈列柜，间歇机构等陈列柜。
（2）各种典型的机构、机器（如缝纫机、易冲床、颚式破碎机、内燃机模型、油泵模型等）。

4.1.3 实验原理

通过观察典型机构运动的演示，建立对机器和机构的感性认识。了解常用机构的名称组成结构的基本特点及运动形式，为今后深入学习机械原理提供直观的印象。

4.1.4 实验内容与步骤

4.1.4.1 对机器的认识

通过实物模型和机构的观察，学生可以认识到：机器是由一个机构或几个机构按照一定运动要求组合而成的。所以只要掌握各种机构的运动特性，再去研究任何机器的特性就不困难了。在机械原理中，运动副是以两构件的直接接触形式的可动连接及运动特征来命名的。如高副、低副、转动副、移动副等。

4.1.4.2 平面四杆机构

平面连杆机构中结构最简单，应用最广泛的是平面四杆机构。它可分为基本类型和演变类型。

（1）基本类型：曲柄摇杆机构、双曲柄机构、双摇杆机构。即根据两连架杆为曲柄或摇杆来确定。

（2）演变类型：它是以一个移动副代替铰链四杆机构中的一个转动副演化而成的。可分为曲柄滑块机构，曲柄摇块机构、转动导杆机构及摆动导杆机构等。

4.1.4.3　凸轮机构

凸轮机构常用于把主动构件的连续运动转变为从动件严格地按照预定规律的运动。只要适当设计凸轮廓线，便可以使从动件获得任意的运动规律。由于凸轮机构结构简单、紧凑，因此广泛应用于各种机械，仪器及操纵控制装置中。

凸轮机构主要有三部分组成，即凸轮（它有特定的廓线）、从动件（它由凸轮廓线控制着）及机架。

凸轮机构的类型较多，学生在学习这部分时应了解各种凸轮的特点和结构，找出其中的共同特点。

4.1.4.4　齿轮机构

齿轮机构是现代机械中应用最广泛的一种传动机构。具有传动准确、可靠、运转平稳、承载能力大、体积小、效率高等优点，广泛应用于各种机器中。根据轮齿的形状齿轮分为直齿圆柱齿轮、斜齿圆柱齿轮、圆锥齿轮及蜗轮、蜗杆。根据主、从动轮的两轴线相对位置，齿轮传动分为平行轴传动、相交轴传动、交错轴传动三大类。

（1）平行轴传动的类型有：外、内啮合直齿轮机构，斜齿圆柱齿轮机构，人字齿轮机构，齿轮齿条机构等。

（2）相交轴传动的类型有圆锥齿轮机构，轮齿分布在一个截锥体上，两轴线夹角常为90°。

（3）交错轴传动的类型有螺旋齿轮机构、圆柱蜗轮蜗杆机构、弧面蜗轮蜗杆机构等。

在学习这部分时，学生应注意了解各种机构的传动特点，运动状况及应用范围等。学生需要掌握：渐开线的概念与性质，基圆和渐开线发生线的概念，并注意观察基圆、发生线、渐开线三者间关系，得出渐开线的性质。

4.1.4.5　周转轮系

通过各种类型周转轮系的动态模型演示，学生应该了解什么是定轴轮系？什么是周转轮系？根据自由度不同，周转轮系又分为行星轮系和差动轮系。它们有什么差异和共同点？差动轮系为什么能将一个运动分解为两个运动或将两个运动合成为一个运动？

4.1.4.6　其他常用机构

其他常用机构常见的有棘轮机构、摩擦式棘轮机构、槽轮机构、不完全齿轮机构、凸轮式间歇运动机构、万向节及非圆齿轮机构等。通过各种机构的动态演示学生应知道各种机构的运动特点及应用范围。

4.1.5　实验作业

（1）观察各种连杆机构的组成结构，运动构件上点的运动轨迹，各种运动副之异同，这些机构之间内在联系。哪些是基本形式，哪些是基本形式演变而成的机构。

（2）观察各种凸轮机构的原动件和从动件的结构特点及运动不同形式，哪些是平面凸轮，哪些是空间凸轮。

（3）观察各种间歇机构的原动件和从动件的运动情况，哪些是平面机构，哪些是空间机构。

（4）举例说明三种典型机构的组成和功能。

4.1.6　问题思考

（1）平面连杆机构由哪些基本构件所组成？何谓曲柄、摇杆、连杆、机架？

（2）组成平面四杆机构的运动副有什么共同特点？说出它们的类型和名称。

（3）平面四杆机构有哪些基本类型，有哪些演变形式？说出它们的演变途径。

（4）凸轮机构由哪些构件组成，其中的运动副与连杆机构相比有何异同？

（5）观察间歇运动机构陈列柜，说出几种间歇机构的类型、名称。

（6）齿轮机构的类型有哪些？

4.2　机构运动简图的测绘和分析

4.2.1　实验目的

（1）了解生产中实际使用的机器的用途、工作原理、运动传递过程、机构组成情况和机构的结构分类。

（2）初步掌握根据实际使用的机器进行机构运动简图测绘的基本方法、步骤和注意事项。

（3）加强理论实际的联系，验算机构自由度，进一步了解机构具有确定运动的条件和有关机构结构分析的知识。

4.2.2　实验原理

从运动学观点来看机构的运动仅与组成机构的构件和运动副的数目、种类以及它们之间的相互位置有关，而与构件的复杂外形、断面大小、运动副的构造无关，为了简单明了的表示一个机构的运动情况、可以不考虑那些与运动无关的因素（机构外形，断面尺寸、运动副的结构）。而用一些简单的线条和所规定的符号表示构件和运动副并按一定的比例表示各运动副的相对位置，以表明机构的运动特性。

4.2.3　实验设备和工具

简易冲床等机构模型，尺、笔、橡皮、纸（自备）。

4.2.4　实验内容与步骤

（1）仔细分析机构的运动。测绘时，使被测绘的机器或模型缓慢地运动，从原动件开始仔细观察机构的运动，首先搞清楚机构是由哪些构件所组成的，哪些是固定（机架），哪些是活动构件，从而确定活动构件的数目。

（2）确定运动副的种类。从原动件开始仔细研究组成运动副两构件之间的接触情况

（点接触或面接触）以及相对运动的性质（相对转动或相对移动）。以此确定它们之间所构成的运动副种类。

（3）选择视图面。一般应该选择与多数构件运动平面平行的面作为绘制简图的视图面，这样比较容易表达清楚机构的构造和运动情况。当用一个视图尚不足表达清楚时，可以再增加视图或作局部视图。

（4）画草图。任意确定原动件相对机架的位置，能清晰地表达该机构的运动特征即可。然后在草稿纸上徒手按规定的符号及构件的连接次序逐步画出机构运动简图的草图（凭目测，使图画与实物大致成比例），然后用数字 1、2、3、…标注各构件，用英文大写字母 A、B、C、…标注各运动副。

（5）验算自由度。根据草图，计算该机构自由度，并将计算结果与实际机构对照，看其结果是否与原机构实际可能产生的独立运动数相同，以检查绘制的简图是否正确。

（6）量取尺寸，按比例作图。仔细测量机构的运动学尺寸，画出机架位置以及各运动副之间的相对位置；选择适当的比例尺 μ_L，使图面匀称，然后将草图画成正规的运动简图。

$$比例尺\ \mu_L = \frac{实际长度\ L_{AB}(\mathrm{m})}{图上长度\ AB(\mathrm{mm})}$$

例如，$\mu_L = 0.002\mathrm{m/mm}$，意思为图纸上的 1mm 代表实际 0.002m 或 2mm。

4.2.5　实验作业

每位同学至少测量、分析三个机构，标出机构的名称；绘制机构运动简图，其中一个简图要求按比例绘制，另外几个可不按比例绘制机构运动简图，可用目测法使各构件大致成比例，以利分析；计算机构自由度，并判断机构是否具有确定运动；最后作出书面报告。

4.2.6　实验结果分析

实验结果填入表 4.2.1 中。

表 4.2.1　实验数据

机构名称	机构运动简图	自由度

4.2.7　问题思考

（1）一张正确的机构运动简图应包括哪些内容？

（2）绘制机构运动简图时，原动件的位置能否任意选择？任意选择是否会影响简图的正确性？

（3）机构自由度的计算对测绘机构运动简图有何帮助？

4.3 平面连杆机构设计分析及运动分析实验

4.3.1 实验目的

（1）掌握机构运动参数测试的原理和方法。

（2）体验机构的结构参数及几何参数对机构运动性能的影响，进一步了解机构运动学和机构的真实运动规律。

（3）熟悉计算机多媒体的交互式设计方法，实验台操作及虚拟仿真。独立自主地进行实验内容的选择，培养综合分析能力及独立解决工程实际问题的能力，了解现代实验设备和现代测试手段。

4.3.2 实验原理和内容

4.3.2.1 曲柄摇杆机构的设计分析

实验台配置的计算机软件，还可用三种不同的设计方法，根据基本要求，设计符合预定运动性能和动力性能要求的曲柄摇杆机构。另外试验台还提供了连杆运动轨迹仿真，可做出不同杆长，连杆上不同点的运动轨迹，为平面连杆机构按运动轨迹设计提供了方便快捷的虚拟实验方法。

4.3.2.2 曲柄摇杆机构真实运动仿真分析

实验台配置的计算机软件，通过建模可对该机构进行运动模拟，对曲柄摇杆及整机进行运动仿真，并做出相应的动态参数曲线，可与实测曲线进行比较分析，同时得出速度波动调节的飞轮转动惯量及平衡质量，从而使学生对机械运动学和动力学、机构真实运动规律、速度波动调节有一个完整的认识。

4.3.2.3 曲柄摇杆机构动态参数测试分析

机构活动构件杆长可调、平衡质量及位置可调。机构的动态参数测试包括：用角速度传感器采集曲柄及摇杆的运动参数，用加速度传感器采集整机振动参数，并通过 A/D 板进行数据处理和传输，最后输入计算机绘制各实测动态参数曲线。通过这些分析，可清楚地了解该机构的结构参数及几何参数对机构运动及动力性能的影响。

4.3.3 实验设备

曲柄摇杆机构实验台、测试分析及运动仿真软件及计算机。

4.3.4 实验内容与步骤

（1）调整量取试验台上的杆机构的各杆长度，并做好记录。

（2）启动曲柄摇杆机构实验台。

（3）打开计算机，运行有关实验测试分析及运动分析软件，详细阅读软件中有关操作说明。

（4）等实验设备运行稳定后，由有关实验测试分析及运动分析软件的主界面选定与实验台相对应的实验项目，进入该实验界面。

（5）填写与"调整量取试验台上的杆机构的各杆长度"相对应的有关数据，调定电动机运转速度。

（6）先点击该实验界面中"实测"键，计算机自动进行数据采集及分析，并作出相应的动态参数的实测曲线。

（7）然后，点击该界面中的"仿真"键，计算机对该机构进行运动仿真，并作出动态参数的理论曲线。

（8）分析比较理论曲线和实测曲线。如果要重作实验，点击"返回"键，返回主界面。以下步骤同前。

（9）在理论曲线和实测曲线上，每隔 60° 记录一组数据（位移、速度、加速度）备用。

（10）填写实验报告。

4.3.5　注意事项

开机前的准备：

（1）拆下有机玻璃保护罩用清洁布将实验台，特别是机构各运动构件清理干净，加少量 N68~48 机油至各运动构件滑动轴承处。

（2）面板上调速按钮逆时针旋到底（转速最低）。

（3）转到曲柄盘 1~2 周，检查各运动构件的运行状况，各螺母紧固件应无松动，各运动构件应无卡死现象。

实验过程中注意事项：

如因需要调整实验机构杆长的位置时，要特别注意，当各项调整工作完成后一定要用扳手将拧紧的螺母全部检查一遍，用手转到曲柄盘检查机构运转情况，方可进行下一步操作。

4.3.6　实验作业

（1）记录实验台上的杆机构的各杆长度，并作出相应的动态参数的实测曲线。然后，计算机对该机构进行运动仿真，并作出动态参数的理论曲线。

（2）分析比较理论曲线和实测曲线。

4.3.7　问题思考

影响平面连杆机构运动特性的参数有哪些？

4.4　刚性转子动平衡实验

4.4.1　实验目的

（1）了解动平衡机的工作原理。

（2）掌握用动平衡机进行刚性转子动平衡的原理与方法。

4.4.2 实验原理

由机械原理课程中所述的回转体动平衡原理知：一个动不平衡的刚性回转体绕其回转轴线转动时，该构件上所有的不平衡重所产生的离心惯力总可以转化为任选的两个垂直于回转轴线的平面内的两个当量不平衡重 G_1 和 G_2（它们的质心位置分别为 r_1 和 r_2；半径大小可根据数值 G_1、G_2 的不同而不同）所产生的离心力。动平衡的任务就是在这两个任选的平面（称为平衡基面）内的适当位置（$r_{1平}$ 和 $r_{2平}$）加上两个适当大小的平衡重 $G_{1平}$ 和 $G_{2平}$，使它们产生的平衡力与当量不平衡重产生的不平衡力大小相等，而方向相反，即：

$$- G_1 r_1 \omega^2 = G_{1平} r_{1平} \omega^2$$

$$- G_2 r_2 \omega^2 = G_{2平} r_{2平} \omega^2$$

半径 $r_平$ 越大，则所需的 $G_平$ 就越小。此时，$\Sigma P = 0$ 且 $\Sigma M = 0$，该回转体达到动平衡。

4.4.3 实验设备及工具

动平衡试验机，各类转子、加重块、天平、橡皮泥及手工具。

4.4.4 实验内容与步骤

（1）接通电源，打开总电源开关，指示灯亮，预热 30min。

（2）根据转子的形状及结构，选择支承形式，调整左右支撑架的位置，并紧固好，将被测转子放在支架上。

（3）根据转子的轴颈尺寸及轴线的水平状态，调节好支撑架上滚轮的高度，使转子的轴线保持水平，在旋转时不致窜动。

（4）转子安放后，支承处应加少许润滑油，特别是轴颈和滚轮的表面，应做好清洁工作。

（5）调整好支承架上的限位架及安全架，防止转子轴向窜动，以免发生事故。

（6）根据被校验转子的质量、外径、初始不平衡量及驱动功率，来选择平衡转速。

（7）启动电机，启动高速运转。

（8）待系统稳定后，按下测量键，则屏幕上会显示平衡配重的质量和相位。

（9）按停止按钮，依据显示数值，在两平衡平面上安装平衡配重，并记录相关数值。

（10）启动系统，重复步骤（8），直到平衡配重显示小于 10g 为止，记录每一步数据。

（11）关闭电源，拆除平衡配重，结束实验。

4.4.5 注意事项

（1）严格按照实验操作规程进行操作，注意人身设备安全。

（2）加上少许润滑油。

（3）系统高速运转，注意安全，平衡配重必须拧紧，机器运转时，保持一定的距离。

4.4.6 实验作业

（1）实验机型号、名称、生产厂家。

（2）实验记录。将实验所得数据记入表 4.4.1 中。

表 4.4.1　刚性转子动平衡实验数据记录

校正面	次序	不平衡量相位/(°)	所加质量/g	不平衡量/g
	1			
	2			
	3			
	4			
	5			
	1			
	2			
	3			
	4			
	5			

4.4.7　问题思考

（1）什么是静平衡，什么是动平衡？在什么情况下采用静平衡，什么情况下采用动平衡？

（2）试件经过动平衡之后是否满足静平衡，为什么？

4.5　齿轮齿廓范成加工原理

4.5.1　实验目的

（1）掌握用范成法切制渐开线齿轮的基本原理。

（2）了解工厂中实际加工渐开线齿轮（滚齿加工与插齿加工）的生产过程。

（3）熟悉渐开线齿轮各参数的计算公式以及不同参数对齿形的影响。

（4）了解渐开线齿轮产生根切现象的原因和避免根切的方法。

4.5.2　实验仪器和材料

（1）渐开线齿轮范成仪。范成仪的构造如图 4.5.1 所示。圆盘 1 绕其固定轴心 O 转动，在圆盘 1 上固定有周边切有齿的扇形齿 2，齿条 3 固定在横拖板 4 上，并可沿机座 7 做水平方向移动，齿条移动时带动扇形齿转动，齿条与齿啮合的中心线所形成的圆（以 O 为圆心）等于被加工齿轮的分度圆。通过齿条、扇形齿的作用使圆盘相对于横拖板的运动与被加工齿轮相对于齿条刀具的运动一样。松开紧固螺钉 5；刀具 6 可以在横拖板 4 上沿垂直方向移动，从而可以调节刀具中线至被加工轮坯中心的距离，这样就能加工标准或变位齿轮。

（2）圆规、剪刀、铅笔、绘图纸（自备）。

4.5.3 实验原理

范成法又称展开法，共轭法或包络法。范成法加工就是利用机构本身形成的运动来加工的一种方法。对齿轮传动来说，一对互相啮合的齿轮其共扼齿廓是互为包络的。因此加工时视其一轮为刀具，另一轮视为待加工轮坯。只要刀具与轮坯之间的运动和一对真正的齿轮互相啮合传动一样，则刀具刀刃在轮坯的各个位置的包络线就是渐开线。实际加工时，刀具除做展成运动外还沿着轮坯轴线做切削运动。本实验将模拟齿条插刀范成加工渐开线齿轮的过程（与实际不同之处在于实验中轮坯静止，齿条绕其作纯滚动，但二者的相对运动与实际加工时相同）。

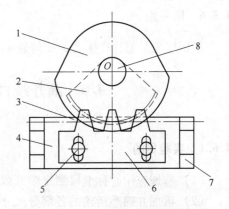

图 4.5.1　范成仪的构造
1—圆盘；2—扇形齿轮；3—齿条；4—横拖板；
5—紧固螺钉；6—刀具；7—机座；8—压盖

4.5.4 实验内容与步骤

（1）根据已知刀具的模数 m、压力角 α 和被加工齿轮的齿数 z，计算被加工的标准齿轮的分度圆、基圆、齿根圆及齿顶圆直径。

（2）将上述各圆分别画在绘图纸上（只画半圆即可），然后将纸剪成比最大的顶圆直径略大 1~2mm 的半圆形作为轮坯。

（3）把代表轮坯的图纸放在圆盘上，将刀具移至机架的正中位置，使半圆正对刀具，将图纸中心与圆盘中心对准后用压盖 8 压住。

（4）对刀。即调节刀具中心线，使在切削标准齿轮时，刀具分度线与被加工齿轮的分度圆相切。

（5）切削齿廓时，先将刀具推至范成仪的一端，然后每当向另一端移动一个小的距离时（2~3mm），即在代表轮坯的图纸上用笔画出刀刃的齿廓线（代表已切去），直到形成 2-3 个完整的轮齿时为止。

（6）按上述位置将齿条刀具退后（即远离中心 O）——距离 xm（x 为变位系数，m 为模数），然后用同样的方法画出相同齿数、模数、压力角的变位齿轮。观察齿形，有无齿顶变尖现象（可选做）。

（7）比较所得标准齿轮和移距变位齿轮的齿厚、齿间、调节、顶圆齿厚、基圆齿厚，以及根圆、顶圆、分度圆和基圆的相对变化特点。

4.5.5 实验作业

（1）切制 $z=8$，$m=20$，$\alpha=20°$ 和 $z=20$，$m=8$，$\alpha=20°$标准齿轮；正变位（$x_1=0.5$）和负变位（$x_2=-0.5$）渐开线齿廓，齿廓每种都须画出两个完整的齿形，比较这几种齿廓。

（2）判断所画齿轮齿廓曲线是否是渐开线，并指出有无根切。

（3）分析标准齿轮与变位齿轮的基本参数和几何形状哪些相同，哪些不同，为什么？

4.5.6　思考题

根切现象是怎样产生的，如何避免根切？

4.6　渐开线直齿圆柱齿轮参数的测定

4.6.1　实验目的

（1）掌握应用游标卡尺测定渐开线直齿圆柱齿轮基本参数的方法。
（2）巩固并熟悉齿轮的各部分尺寸、参数之间的关系和渐开线的性质。

4.6.2　设备和工具

齿轮参数测定箱、游标卡尺，齿厚游标卡尺、计算器（自备）。

4.6.3　实验原理

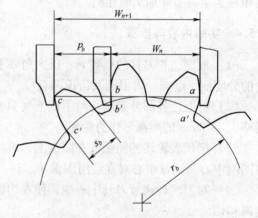

渐开线圆柱齿轮的基本参数有齿数 z、模数 m、齿顶高系数 h_a^*、径向间隙系数 c^*、分度圆压力角 α，变位系数 x 等。本实验是用游标卡尺来测量，并通过计算确定齿轮的这些基本参数。根据渐开线性质，当用游标卡尺跨过 n 个齿时（游标卡尺跨过 n 个齿的参考表见表 4.6.1），测得的齿廓间的公法线长度为 W_n，W_n 为 ab 线段的长如图 4.6.1 所示。根据渐开线性质线段 ab 的长等于 $\overparen{a'b'}$ 的长，$\overparen{a'b'}$ 为基圆弧长。然

图 4.6.1　测齿廓间的公法线

后再跨 $n+1$ 个齿，测得其公法线长度为 W_{n+1} 即 ac 线段的长，同理 ac 线段的长等于 $\overparen{a'c'}$ 的长。当 $W_{n+1}-W_n=p_b$ 时，根据求得的基圆齿距 p_b，可按下式算出模数 m：

$$m=\frac{p_b}{\pi\cos\alpha}$$

上式中虽然 α 是未知的，但根据标准 $\alpha=20°$，故将 α 代入上式算出其相应的模数，其数值最接近于标准的一组 m 和 α 即为所求的值。

被测齿轮可能是变位齿轮，此时还需确定变位系数 x，由基圆齿厚计算公式可知：

$$s_b=s\cos\alpha+2r_b\mathrm{inv}\alpha=m(\pi/2+2x\tan\alpha)\cos\alpha+mz\cos\alpha\mathrm{inv}\alpha$$

故

$$x=(\frac{s_b}{m\cos\alpha}-z\mathrm{inv}\alpha-\pi/2)/2\tan\alpha$$

则式中

$$s_b=W_{n+1}-np_b$$

齿轮的齿顶高系数 h_a^* 和径向间隙系数 c^* 可用下面方法确定，因为齿根高 h_f 为

$$h_f = (h_a^* + c^* - x)m = (mz - d_f)/2$$

上式中 d_f 可用游标卡尺测定，m，x 已算出，仅 h_a^*、c^* 未知，且 h_a^*、c^* 也有一定的标准，当 $h_a^* = 1$ 时，$c^* = 0.25$；当 $h_a^* = 0.8$ 时，$c^* = 0.3$。将上述二组 h_a^*、c^* 代入上面所述公式符合或接近等式的一组 h_a^*、c^* 即为所求值。

表 4.6.1　游标卡尺跨过 n 个齿的参考表

z	12~18	19~27	28~36	37~45	46~54	55~63	64~72
n	2	3	4	5	6	7	8

4.6.4　实验内容与步骤

直接数出齿轮的齿数。根据齿数按表 4.6.1 查出跨齿数 n。

按跨齿数 n，测量公法线长度 W_n、W_{n+1} 和齿轮的齿顶圆直径 d_a，齿根圆直径 d_f，对每一个尺寸应测量三次，取其平均值作为测量数据。计算 p_b、α、m、x、h_a^*、c^*。

4.6.5　注意问题

（1）在读数或计算数值时应精确到小数点后二位。

（2）用游标卡尺测量时，两卡脚应和渐开线齿廓相切，不能卡得太里面，以免卡脚伸入基圆以内影响测量精度。

（3）被测齿轮本身有加工误差，用理论公式计算参数值时应考虑进去。

4.6.6　实验作业

（1）将测量数据记录在表 4.6.2 中。

表 4.6.2　测量数据记录

齿 轮 编 号			No.：		No.：		备　注
项　目	符号	单位	测量数据	平均测量值	测量数据	平均测量值	
齿　数	z						
跨齿数	n						
公法线长度	W'_n						
公法线长度	W'_{n+1}						
齿顶圆直径	d'_a						
齿根圆直径	d'_f						
全齿高	h'						

（2）计算基本几何参数，并填入表 4.6.3 中。

表 4.6.3　基本几何参数计算

项　目	符号	单位	计　算　公　式	计　算　结　果	
				No.：	No.：
模　数	m				

续表 4.6.3

项 目	符号	单位	计 算 公 式	计 算 结 果	
				No.：	No.：
压力角	α				
基圆齿距	p_b				
基圆齿厚	s_b				
变位系数	x				
齿顶圆直径	d_a				
齿根直径	d_f				
全齿高	h				

4.6.7　问题思考

（1）所测的一对齿轮是零传动、正传动还是负传动？

（2）试计算 y，比较 y 与（$x_1 + x_2$）的大小。并与齿顶降低系数 σ 的计算值联系，分析它们之间的关系。

（3）齿轮的哪些误差会影响本实验的测量精度？

4.7　平面机构创意设计实验

4.7.1　实验目的

（1）加强学生对机构组成原理的认识，进一步了解机构组成及其运动特性，为机构创新设计奠定良好的基础。

（2）灵活运用机构的组合、机构演化与变异，创造性地设计、拼接机构；增强学生对机构的感性认识，培养学生的工程实践及动手能力；体会设计实际机构时应注意的事项；完成从运动简图设计到实际结构设计的过渡。

（3）培养学生工程实践能力及综合设计能力。

4.7.2　实验设备和工具

机构运动创新方案拼接实验台，内六角扳手、活动扳手、固定扳手、卷尺和纸。

4.7.3　实验原理

任何机构都是通过将自由度为零的若干杆组，依次连接到原动件（或已经形成的简单机构）和机架上的方法组成。

4.7.4　实验内容与步骤

（1）掌握实验原理。

（2）功能根据实验设备及工具的内容介绍，熟悉实验设备的硬件组成及零件功能。

（3）自拟机构运动方案或选择指导书中提供的机构运动方案作为拼接实验内容。

（4）将所选的机构运动方案根据机构组成原理按杆组进行正确拆分。

（5）正确拼装。

（6）将杆组按运动的传递顺序依次接到原动件和机架上。

4.7.5　注意事项

将机构运动系统搭接完毕后，检查搭接是否正确后才能开启电源开关。

4.7.6　实验作业

（1）绘制实际拼装的机构运动方案简图，并在简图中标识实测所得的机构运动学尺寸。

（2）简要说明机构杆组的拆组过程，并画出所拆杆组简图。

（3）填写实验表格（见表4.7.1）。

表4.7.1　平面机构创意设计实验方案

设计题目
机构运动方案设计
简要说明

4.7.7　问题思考

根据你所拆分的杆组，按不同的顺序进行杆组排列，可能组合的机构运动方案有哪些？用简图表示出来，就运动传递情况作方案比较，并简要说明理由。

5 机 械 设 计

能力培养目标：机械设计是机械专业一门必修的主干技术基础课。内容广，理论性和实践性强，学习难度较大。课程实验目的是帮助学生进一步理解机械设计的理论知识，并使学生能运用所学理论来分析和处理实际问题，培养学生实践动手和创新能力。

5.1 机械设计结构展示与分析

5.1.1 实验目的

（1）了解常用机械传动的类型、工作原理、组成结构及失效形式。
（2）了解轴系零部件的类型、组成结构及失效形式。
（3）了解常用的润滑剂及密封装置。
（4）了解常用紧固连接件的类型。
（5）通过对机械零部件及机械结构及装配的展示与分析，增加对其直观认识。

5.1.2 实验设备

机构模型、典型机械零件实物、若干不同类型的机器。

5.1.3 实验内容与步骤

在实验室要认识的典型机械零件主要有螺纹连接件、齿轮、轴、轴承、弹簧，具体内容如下：

（1）各种类型的螺纹连接实物，各种类型的螺栓、螺母及垫圈实物，螺纹连接的失效实物，各种类型的键、销实物，各种类型的键、销失效实物，各种类型的焊接、铆接实物。
（2）各种类型及各种材质的齿轮、齿轮加工刀具、蜗轮蜗杆、带、带轮、链条、链轮、螺旋传动的零部件实物，失效零件实物。
（3）各种类型的轴、轴承实物，轴上零件的轴向固定和周向固定实物，轴瓦和轴承衬实物，轴承、轴、轴瓦失效实物。
（4）各种类型的弹簧和弹簧失效实物，各种联轴器、离合器实物模型。

5.1.4 注意事项

注意保护零件陈列柜中的零件。

5.1.5 实验作业

（1）在实验室所见到的零部件如螺栓、键、销、弹簧、滚动轴承、联轴器、离合器各有哪些类型?

(2) 请举出螺栓、键、齿轮、滚动轴承的一种使用情况以及相应的失效形式。

5.1.6 问题思考

(1) 传动带按截面形式分哪几种,带传动有哪几种失效形式?

(2) 传动链有哪几种,链传动的主要失效形式有哪些?

(3) 齿轮传动有哪些类型,各有何特点,齿轮的失效形式主要有哪几种?

(4) 蜗杆传动的主要类型有哪几种,蜗杆传动的主要失效形式有哪几种?

(5) 轴按承载情况分为哪几种,轴常见的失效形式有哪些?

(6) 联轴器与离合器各分为哪几类,各满足哪些基本要求?

(7) 弹簧的主要类型和功用是什么?

(8) 可拆卸连接和不可拆卸连接的主要类型有哪些?

(9) 零件和构件的本质区别是什么?

5.2 螺栓连接综合实验

5.2.1 实验目的

(1) 了解螺栓连接在拧紧过程中各部分的受力情况。

(2) 计算螺栓相对刚度,并绘制螺栓连接的受力变形图。

(3) 验证受轴向工作载荷时,预紧螺栓连接的变形规律,及对螺栓总拉力的影响。

(4) 通过螺栓的动载实验,改变螺栓连接的相对刚度,观察螺栓动应力幅值的变化,以验证提高螺栓连接强度的各项措施。

5.2.2 实验项目

(1) 空心螺栓连接静动态实验。

(2) 实心螺栓连接静动态实验。

5.2.3 实验设备及原理

5.2.3.1 实验设备及仪器

该实验需 LZS 螺栓连接综合实验台 1 台,静动态测量仪 1 台,计算机及专用软件等实验设备及仪器。螺栓连接实验台的结构与工作原理如图 5.2.1 所示。

(1) 连接部分由 M16 空心螺栓、大螺母、垫片组组成。空心螺栓贴有测拉力和扭矩的两组应变片,分别测量螺栓在拧紧时,所受预紧拉力和扭矩。空心螺栓的内孔中装有 M8 螺栓,拧紧或松开其上的手柄杆,即可改变空心螺栓的实际受载截面积,以达到改变连接件刚度的目的。垫片组由刚性和弹性两种垫片组成。

(2) 被连接件部分由上板、下板和八角环组成,八角环上贴有应变片,测量被连接件受力的大小,中部有锥形孔,插入或拔出锥塞即可改变八角环的受力,以改变被连接件系

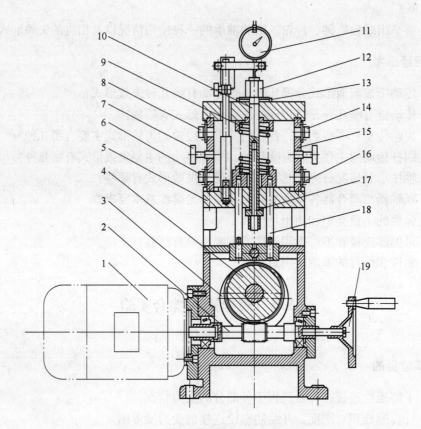

图 5.2.1　螺栓连接实验装置结构简图

1—电动机；2—蜗杆；3—凸轮；4—蜗轮；5—下板；6—扭力插座；7—锥塞；8—拉力插座；9—弹簧；
10—空心螺杆；11—千分表；12—螺母；13—刚性垫片（弹性垫片）；14—八角环压力插座；
15—八角环；16—挺杆压力插座；17—M8 螺杆；18—挺杆；19—手轮

统的刚度。

（3）加载部分由蜗杆、蜗轮、挺杆和弹簧组成，挺杆上贴有应变片，用以测量所加工作载荷的大小，蜗杆一端与电机相连，另一端装有手轮，启动电机或转动手轮使挺杆上升或下降，以达到加载、卸载（改变工作载荷）的目的。

5.2.3.2　静动态测量仪的工作原理

实验台各被测件的应变量用 LSD-A 型静动态测量仪测量，如图 5.2.2 所示。通过标定或计算即可换算出各部分的大小。静动态测量仪是利用金属材料的特性，将非电量的变化转换成电量变化的测量仪，应变测量的转换元件——应变片是用极细的金属电阻丝绕成或用金属箔片印刷腐蚀而成，用粘剂将应变片牢固地贴在被测物件上，当被测件受到外力作用长度发生变化时，粘贴在被测件上的应变片也相应变化，应变片的电阻值也随着发生了 ΔR 的变化，这样就把机械量转换成电量（电阻值）的变化。用灵敏的电阻测量仪——电桥，测出电阻值的变化 $\Delta R/R$，就可换算出相应的应变 ε，并可直接在测量仪的数码管读出应变值。通过 A/D 板该仪器可向计算机发送被测点应变值，供计算机处理。

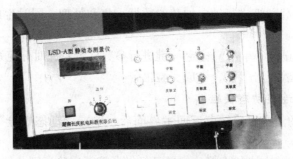

图 5.2.2　LSD-A 型静动态测量仪

5.2.3.3　计算机专用多媒体软件及其他配套器具

（1）需要计算机的配置为带 RS232 主板、128M 内存、40G 硬盘、Celeronl. 3G、光驱 48X、17 英寸纯平显示器。

（2）实验台专用多媒体软件，该软件可进行螺栓静态连接实验和动态连接实验的数据结果处理，整理并打印出所需的实测曲线和理论曲线图，待实验结束后进行分析。

（3）专用扭力扳手 0~200N·m 一把，量程为 0~1mm 的千分表两个。

5.2.4　实验方法与步骤

以实验台八角环上未装两锥塞，松开空心螺栓的 M8 小螺杆手柄，组合垫片换成刚性的空心螺栓连接静动态实验为例说明实验方法和步骤。

5.2.4.1　螺栓连接的静态实验

（1）打开测量仪电源开关，启动计算机，进入软件封面，单击"静态螺栓实验"，进入静态螺栓实验主界面。单击"串口测试"菜单，用以检查通讯是否正常，通讯正常可进行以下实验步骤。

（2）进入静态螺栓主界面，单击"实验项目选择"菜单，选"空心螺杆"项。

（3）转动实验台手轮，挺杆下降，使弹簧下座接触下板面，卸掉弹簧施加给空心螺栓的轴向载荷。将用以测量被连接件与连接件（螺栓）变形量的两块千分表分别安装在表架上，使表头分别与上板面（靠外侧）和螺栓顶面少许接触，用以测量连接件（螺栓）与被连接件的变形量。

（4）手拧大螺母至恰好与垫片接触。螺栓不应有松动的感觉，分别将两千分表调零。单击"校零"键，软件对上一步骤采集的数据进行清零处理。

（5）用扭力矩扳手预紧被试螺栓，当扳手力矩为 30~40N·m 时，取下扳手，完成螺栓预紧。

（6）进入静态螺栓界面，将千分表测量的螺栓拉变形和八角环压变形值输入到相应的"千分表值输入"框中。

（7）单击"预紧"键，对预紧的数据进行采集和处理。同时生成预紧时的理论曲线。

（8）如果预紧正确，单击"标定"键进行参数标定，此时标定系数被自动修正。

（9）用手将实验台上手轮逆时钟（面对手轮）旋转，使挺杆上升至一定高度，对螺栓轴向加载，加载高度不超过 15mm。高度值可通过塞入 φ15mm 的测量棒确定，然后将千分表测到的变形值再次输入到相应的"千分表值输入"框中。

（10）单击"加载"键进行轴向加载的数据采集和处理，同时生成理论曲线与实际测量大的曲线图。

（11）如果加载正确，单击"标定"键进行参数标定，此时标定系数被自动修正。

（12）单击"实验报告"键，生成实验报告。

5.2.4.2　螺栓连接动态实验

（1）螺栓连接的静态实验结束返回主界面后，单击"动态螺栓"键进入动态螺栓实验界面。

（2）重复静态实验方法与步骤。如果已经做了静态实验，则此处不必重做。

（3）取下实验台右侧手轮，开启实验台电动机开关，单击"动态"键，使电动机运转 30s 左右。进行动态加载工况的采集和处理。同时生成理论曲线和实际测量曲线。

（4）单击"实验报告"键，生成实验报告。

（5）完成上述操作后，动态螺栓连接实验结束。

5.2.5　注意事项

（1）电机的接线必须正确，电机的旋转方向为逆时钟（面向手轮正面）。

（2）进行动态实验，开启电机电源开关时必须注意把手轮卸下来，避免电机转动时发生安全事故，并减少实验台震动和噪声。

5.2.6　实验作业

（1）实验数据记录与处理。将预紧螺栓时的实验数据记录于表 5.2.1 中，将加轴向工作载荷 F 时的数据记录于表 5.2.2 中。

表 5.2.1　预紧螺栓时的数据

被测零件	应变（$\mu\varepsilon$）	变形/mm	应力/N·mm^{-2}	力/N
螺栓（拉）				
螺栓（扭）				
八角环				
挺　杆				

表 5.2.2　加轴向工作载荷 F 时的数据

工作载荷 F	被测零件	应变（$\mu\varepsilon$）	变形/mm	应力/N·mm^{-2}	螺栓总拉力/N	残余预紧力/N	工作载荷+残余预紧力
加载 $F=$	螺栓（拉）						
	螺栓（扭）						
	八角环						

（2）绘制实际螺栓连接的受力变形图；绘制理论螺栓连接的受力变形图；对比理论与实际的变形图，空心和实心螺栓的受力变形图，分析并得出结论。

5.2.7　问题思考

（1）为什么受轴向载荷紧螺栓连接的总载荷不等于预紧力加外载荷?

（2）从实验结果分析受动载荷的紧螺栓连接。为了提高螺栓疲劳强度，连接螺栓的刚度大些好还是小些好，从实验中可以总结出哪些提高螺栓连接强度的措施？

5.3　带传动的滑动率与效率测定实验

5.3.1　实验目的

（1）了解带传动实验台的结构和工作原理。
（2）掌握转矩 T、转速 n、滑动率 ε 的测量方法。
（3）熟悉其操作步骤。
（4）观察带传动的弹性滑动及打滑现象。
（5）了解改变预紧力对带传动能力的影响。

5.3.2　实验设备

PC-B 型皮带传动实验台。

5.3.3　实验原理

带传动的滑动率计算公式：

$$\varepsilon = \frac{n_1 - n_2}{n_1} \times 100\%$$

带传动的传动效率计算公式：

$$\eta = \frac{P_2}{P_1} = \frac{T_2 \times n_2}{T_1 \times n_1} \times 100\%$$

式中　　n_1，n_2——主动轮和从动轮转速；
　　　　P_1，P_2——主动轮和从动轮功率；
　　　　T_1，T_2——主动轮和从动轮转矩。

5.3.4　实验内容与步骤

（1）启动电脑，启动带传动测试软件，进入皮带传动实验台软件封面。
（2）接通实验台电源（单相 220V），打开电源开关。
（3）点击进入皮带传动实验台软件封面非文字区，进入皮带传动实验说明界面。
（4）单击"实验"按钮，进入皮带传动实验分析界面。
（5）单击"运动模拟"按钮，可以清楚观察皮带传动的运动和弹性滑动及打滑现象。
（6）顺时针方向缓慢旋转调速旋钮，使电动机转速由低到高，直到电动机的转速显示为 $n_1 \approx 1100 \text{r/min}$ 为止（同时显示出 n_2），此时，转矩显示器也同时显示出两电机的工作扭矩 T_1、T_2。
（7）待稳定后，单击"稳定测试"按钮，实时稳定记录皮带传动的实测结果，同时将这一结果记录到实验指导书的数据记录表中。

（8）点击"加载"按钮，使发电机增加一定量的负载，并将转速调到 $n_1 \approx 1100\text{r/min}$，待稳定后，单击"稳定测试"按钮，同时将测试结果 n_1、n_2 和 T_1、T_2 记录到数据记录表5.3.1中。重复本步骤，直到 ε 不小于16%～20%为止，结束本实验。

（9）单击"实测曲线"，显示皮带传动滑动曲线和效率曲线。

（10）增加皮带预紧力（增加砝码质量），再重复以上实验。经比较实验结果，可发现带传动功率提高，滑动率降低。

（11）实验结束后，首先将负载卸去，然后将调速旋钮逆时针方向旋转到底，关掉电源开关，然后切断电源，取下带的预紧砝码；退出测试系统，并关电脑。

（12）整理实验数据，写出实验报告。

（13）绘制滑动率曲线和效率曲线。

表 5.3.1　实验数据记录

参数数据加载值	$n_1/\text{r} \cdot \text{min}^{-1}$	$n_2/\text{r} \cdot \text{min}^{-1}$	$T_1/\text{N} \cdot \text{m}$	$T_2/\text{N} \cdot \text{m}$	$\varepsilon/\%$	$\eta/\%$

5.3.5　注意事项

（1）实验前将皮带适当预紧，不要过紧或过松。
（2）必须等数据变化比较稳定时记录数据。

5.3.6　实验作业

（1）将实验数据结果记录在表5.3.1中。
（2）绘出带传动的滑动曲线和效率曲线。
（3）实验结果分析与讨论。

5.3.7　思考题

（1）带传动的弹性滑动和打滑现象有何区别？它们各自产生的原因是什么？
（2）带传动张紧力大小对传动能力有什么影响？

5.4　轴系结构组合设计实验

5.4.1　实验目的

（1）综合应用课程有关章节的知识（传动零件、轴承、轴、键、联轴器、润滑与密封等）。
（2）认知各种轴系零件。
（3）掌握和巩固轴系结构设计的基本方法。

5.4.2　实验设备

组合式轴系结构设计实验箱（如图 5.4.1 所示）、测量及绘图工具（绘图工具学生自备）。

图 5.4.1　轴系结构设计实验箱

5.4.3　实验内容与要求

（1）明确实验内容，理解设计要求。

（2）复习有关轴的结构设计与轴承组合设计的内容与方法（参看教材有关章节）。

（3）构思轴系结构方案。

1）根据齿轮类型选择滚动轴承型号。

2）确定支承轴向固定方式（两端固定；一端固定一端游动）。

3）根据齿轮圆周速度（高、中、低）确定轴承润滑方式（脂润滑、油润滑）。

4）选择轴承端盖形式（凸缘式、嵌入式）并考虑透盖处密封方式（毡圈、皮碗、油沟等）。

5）考虑轴上零件的定位与固定，轴承间隙调整等问题。

6）绘制轴系结构方案示意图。

（4）组装轴系部件。根据轴系结构方案，从实验箱中选取合适零件并组装成轴系部件、检查所设计组装的轴系结构是否正确。

（5）绘制轴系结构草图，如图 5.4.2 所示。

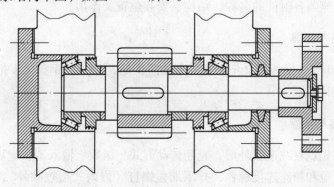

图 5.4.2　轴系结构装配图

（6）将所有零件放入实验箱内的规定位置。

5.4.4　实验注意事项

（1）观察不同类型轴承的外形和结构特点，轴承代号的标志；注意轴承的固定、装拆、间隙调整等问题。

（2）注意轴的支撑方式（如：两端单向固定；一端固定一端游动）。

（3）轴上零件的定位结构或定位零件（如定位台阶、弹性挡圈、圆螺母、套筒等）。

（4）注意轴的密封形式和密封件（毡圈、橡胶圈、皮碗、油沟等）。

（5）注意轴承端盖形式（透盖、闷盖、凸缘式、嵌入式）。

（6）套杯的结构形式（正装与反装）。

5.4.5　实验作业

（1）绘制轴系结构装配图。

（2）撰写设计说明，说明轴系各零件定位固定、安装调整、润滑密封的方法及设计依据。

5.4.6　问题思考

（1）常用的轴系零件的轴向固定方式有哪些？

（2）常用的轴系零件的周向固定方式有哪些？

（3）传动零件和轴承采用何种润滑方式？轴承采用何种密封装置，有何特点？

5.5　减速器拆装实验

5.5.1　实验目的

（1）了解减速器结构，熟悉各零件的名称、形状、用途及各零件之间的装配关系。

（2）观察齿轮的轴向固定方式及安装顺序。

（3）了解轴承的安装尺寸和拆装方法。

（4）了解减速器各附件的名称、结构、安装位置及作用。

5.5.2　实验设备与工具

齿轮减速器1台、活扳手2把、内外卡钳各1把、600mm钢板尺1把、300mm游标卡尺1把、千分尺1把。

5.5.3　实验内容与步骤

（1）开盖前先观察减速器外形，判断传动方式、级数、输入轴、输出轴的位置。

（2）拧下箱盖和箱座连接螺栓，拧下端盖螺钉（嵌入式端盖除外），拔出定位销，借助起盖螺钉打开箱盖。

（3）仔细观察机体内零件的结构，布置位置以及定位方式。具体有：

1）轴系零件的定位方式。

2）轴承的类型、安装方式（正、反装，轴承游隙的调整）。

3）布置方法以及润滑密封方式。

4）机体附件通气器、油标、油塞、起盖螺钉，定位销的用途、结构和安装位置。除此之外，还需注意轴承旁凸台的设计与工艺上为减少加工面所采取的一些措施等。

（4）卸下轴承端盖，将轴和轴上零件一起从机体内取出，按合理的顺序拆卸轴上的零件。

（5）拆、量、观察分析过程结束后，按拆卸的反顺序装配好减速器。

（6）经指导老师检查装配良好、工具齐全后，方能离开现场。

5.5.4　注意事项

（1）实验前认真阅读实验指导书。

（2）拆装过程中不准用锤子或其他工具打击任何零件。

（3）拆装过程中同学之间要相互配合与关照，做到轻拿轻放，以防砸伤手脚。

5.5.5　实验作业

（1）将减速器主要零部件的名称与作用写在表 5.5.1 中。

表 5.5.1　减速器主要零部件的名称与作用

序　号	名　称	作　用
1		
2		
3		
4		
5		
6		

（2）总结实验后的心得与体会。

5.5.6　问题思考

（1）为什么齿轮减速器的箱体沿轴线平面剖分？为什么蜗杆减速器的箱体不沿蜗杆轴线剖分？

（2）齿轮减速器上箱体为什么做成圆弧曲线形？蜗杆减速器上箱体为什么一般做成直线形？

（3）一般的圆锥-圆柱齿轮减速器中为什么把圆锥齿轮放在高速级？

（4）箱体上的筋板起什么作用？为什么有的上箱体上没有筋板？

（5）上下箱连接的凸缘为什么在轴承两侧要比其他地方高？

（6）上箱体上有吊环（或吊钩），为什么下箱体上还有吊钩？

（7）连接螺栓处均做成凸台或沉孔平面，为什么？

（8）上下箱体连接螺栓处及地脚螺栓处的凸缘宽度，受何因素影响？

（9）你认为该减速器的轴承用何种方式润滑？有的轴承孔内侧设有挡油环，有的没有，为什么？

5.6　机械传动性能综合测试实验

5.6.1　实验目的

（1）了解常用机械传动的基本原理。

（2）掌握平行轴间传动方案的设计及各传动方案的特点（带传动、链传动、齿轮传动）。

（3）掌握常见传动装置的选择、安装、校准及调整。

（4）了解机械装配的过程，掌握校准的重要性，了解机械生产、装配误差对传动系统性能的影响。

（5）掌握实验中各个工具的工作原理及使用方法。

5.6.2　实验装置

机械传动系统综合测试实验台、机械系统创新搭接实验台。

5.6.3　实验内容与步骤

（1）根据现有的实验条件确定实验方案，并在实验搭接平台上搭出传动机构（注意掌握机构安装、校准及调整的方法）。

（2）在确保所搭接的机构运动不会发生干涉和严重摩擦后，检查所有的连接是否正确、稳固，用手轻轻转动高速轴，传动系统能正常运转（如有问题，重新调整、装配）。

（3）在各转动处加入润滑油。

（4）连接实验线路，经指导教师检查后方可开机，并进行相关参数测试。

（5）按要求对机构进行调整，重新进行测试。

（6）确认测试结束后，关闭电源，拆卸机构。将各设备复原，清理实验台。

5.6.4　注意事项

开机前必须经过指导教师的检查和许可。

5.6.5　实验作业

（1）整理实验数据，填写实验报告。

（2）总结各传动方案特点，并进行比较。

（3）总结本次实验的收获和体会。

5.6.6 问题思考

（1）什么是键连接，一般应用于哪些场合？在本次实验中你所用到的键连接采取的是哪种配合方式，为什么？

（2）带传动中带的张力是如何确定的，张力的大小对传动性能或传动零件有什么影响？

（3）两齿轮啮合传动时为什么要留有一定的齿侧间隙，齿侧间隙的大小与哪些因素有关？

（4）电机的电流、转速、传动系统的机械效率随着负载的增加如何变化？

6 机械工程材料

6.1 金相试样的制备

6.1.1 实验名称

金相试样的制备

6.1.2 实验目的

（1）了解常用制样设备的使用方法。
（2）掌握标准金相试样的制作方法。

6.1.3 实验材料

小块状 45 号钢、胶木粉（胶木粉不透明，有各种颜色，比较硬，镶嵌出的试样不易倒角，但耐腐蚀性能比较差）、水砂纸（使用粒度为 240 目、320 目、400 目、500 目、600 目五种水砂纸，粒度越大，砂纸越细）、抛光布、高效金刚石喷雾抛光剂、酒精、脱脂棉花、滤纸、化学侵蚀剂。

6.1.4 实验设备及仪器

金属切割机、金属镶嵌机、金属预磨机、金属抛光机。

6.1.5 实验内容与步骤

6.1.5.1 取样

取样要求：

采用金属切割机取样，试样大小要便于握持、易于磨制，通常采用 $\phi 15mm \times (15 \sim 20)$ mm 的圆柱体或边长 15~25mm 的立方体。对形状特殊或尺寸细小不易握持的试样，要进行镶嵌。

6.1.5.2 镶嵌

操作步骤及方法如下：

（1）先将镶嵌机定时器指向 ON 位置，打开电源开关，设置镶嵌温度（胶木粉一般采用 135~150℃）。

（2）到达设定温度后，放入试样及胶木粉。

（3）顺时针转动手轮，使下模上升到压力指示灯亮，如在加热过程中指示灯灭，再继续加压至灯亮。

（4）保温 8min，使试样成型，关闭电源，冷却 15min 后，取出试样。

6.1.5.3 磨光

操作步骤及方法如下：

（1）将水磨砂纸平放在金属预磨机的研磨盘中。

（2）打开磨盘水开关，并调整好水流。

（3）打开电源开关，使研磨盘旋转。

（4）将试样用力持住，并轻轻靠向砂纸，待试样和砂纸接触良好并无跳动时，用力压住试样进行研磨。

6.1.5.4 抛光

操作步骤及方法如下：

（1）将抛光布平放在金属抛光机的抛光盘中。

（2）倒入水使抛光布润湿。

（3）打开电源开关，使抛光盘旋转。

（4）捏持试样，磨面向下，水平贴向抛光盘，添加抛光液，均匀施力使试样沿径向在金属抛光机的抛光盘中往复移动，直到试样表面成为光滑镜面。

6.1.5.5 化学侵蚀

将已抛光好的试样用水冲洗干净或用酒精擦掉表面残留的脏物，然后将试样磨面浸入腐蚀剂中，或用竹夹子或木夹夹住棉花球蘸取腐蚀剂在试样磨面上擦拭，抛光的磨面即逐渐失去光泽，待试样腐蚀合适后马上用水冲洗干净，用滤纸吸干或用吹风机吹干试样磨面，即可放在显微镜下观察。高倍观察时腐蚀稍浅一些，而低倍观察则应腐蚀较深一些。

6.1.6 实验注意事项

（1）注意用电安全。

（2）正确操作，注意人身安全，例如在磨光和抛光过程中，防止试样飞溅伤人。

（3）节约使用实验耗材，例如砂纸、抛光布、抛光剂等。

6.1.7 实验作业

（1）说明金相试样的制作流程。

（2）说明常用制样设备的使用方法及注意事项。

6.2 金相显微镜的使用及组织观察

6.2.1 实验名称

金相显微镜的使用及组织观察

6.2.2 实验目的

（1）了解金相显微镜的构造及使用方法。

（2）利用金相显微镜进行组织观察。

6.2.3　实验设备及材料

金相显微镜、45 号钢标准试样、酒精、脱脂棉花、滤纸、化学侵蚀剂。

6.2.4　实验原理

利用肉眼或放大镜观察分析金属材料的组织和缺陷的方法称为宏观分析，为了研究金属材料的细微组织和缺陷，可采用显微分析。显微分析是利用放大倍数较高的金相显微镜观察分析金属材料的细微组织和缺陷的方法。一般金相显微镜的放大倍数是 10～2000 倍，而金属颗粒的平均直径在 0.001～0.1mm 范围内，借助于金相显微镜可看其轮廓的范围，因此，显微分析是目前生产检验与科学研究的主要方法之一。研究金属显微组织的光学显微镜称为金相显微镜，金相显微镜是利用反射光将不透明物体放大和进行观察。

6.2.5　实验内容与步骤

（1）将光源插头接上电源变压器，接上户内 220V 电源。

（2）观察前装上各个物镜。在更换物镜时，须把载物台升起，以免碰触透镜。

（3）试样处理。将已准备好的试样用水冲洗干净或用酒精擦掉表面残留的脏物，然后将试样磨面浸入腐蚀剂中，或用竹夹子或木夹夹住棉花球蘸取腐蚀剂在试样磨面上擦拭，抛光的磨面即逐渐失去光泽，待试样腐蚀合适后马上用水冲洗干净，用滤纸吸干试样磨面。注意高倍观察时腐蚀稍浅一些，而低倍观察则应腐蚀较深一些。

（4）将处理好的 45 号钢试样放在载物台上，使被观察表面复置在载物台当中。

（5）使用低倍物镜观察调焦。观察时，应先用粗调节手轮调节至初见物像，再改用细调节手轮调节至物像十分清晰为止。注意避免镜头与试样撞击，可从侧面注视物镜，将载物台尽量下移，直至镜头几乎与试样接触（但切不可接触），再从目镜中观察。

（6）为配合各种不同数值孔径的物镜，设置了大小可调的孔径光栏和视场光栏，其目的是为了获得良好的物像和显微摄影衬度。当使用某一数值孔径的物镜时，先对试样正确调焦之后，可调节视场光栏，这时从目镜视场里看到了视野逐渐遮蔽，然后再缓缓调节使光栏孔张开，至遮蔽部分恰到视场出现时为止，它的作用是把试样的视野范围之外的光源遮去，以消除表面反射的漫射散光。为配合使用不同的物镜和适应不同类型试样的亮度要求设置了大小可调的孔径光栏。转动孔径光栏套圈，使物像达到清晰明亮，轮廓分明。在光栏上刻有分度，表示孔径尺寸。

（7）通过金相显微镜观察试样的组织。

6.2.6　注意事项

（1）注意用电安全。

（2）操作时必须特别谨慎，不能有任何剧烈的动作，不允许自行拆卸光学系统。

（3）爱护实验仪器及设备，例如在金相显微镜使用过程中，转动粗调或微调旋钮时动作要慢，感到阻碍时不得用力强行转动以免损坏机件，同时，将试样放在载物台中心时，试样要清洁、干燥，以免沾污、侵蚀镜头。

6.2.7　实验作业

（1）说明实验原理、步骤及其注意事项。

（2）画出通过金相显微镜观察到的45号钢的组织，并分析组织的组成。

6.3　淬火热处理对钢组织的影响

6.3.1　实验名称

淬火热处理对钢组织的影响

6.3.2　实验目的

（1）初步掌握钢淬火的热处理工艺。

（2）了解热处理设备的使用方法。

（3）观察淬火后的金相组织，分析淬火热处理对钢组织的影响。

6.3.3　实验材料

小块状45号钢、酒精、脱脂棉花、滤纸、化学侵蚀剂。

6.3.4　实验设备及仪器

一体化程控高温炉、淬火水槽、金相显微镜。

6.3.5　实验原理

淬火是热处理工艺中最重要的工序，它可以显著的提高钢的强度和硬度。淬火是指将钢加热到适当的温度（亚共析钢 A_{c3} 以上，共析钢和过共析钢加热到 A_{c1} 以上 $30\sim50℃$ ），保温并以大于临界冷却速度的速度冷却，从而得到马氏体或下贝氏体组织。

6.3.6　实验内容与步骤

（1）选择淬火工艺参数。45号钢为亚共析钢，根据淬火工艺要求，选定参数。2h升温至850℃，保温30min，然后水冷。

（2）设定炉温850℃，升温时间2h。

（3）当炉温到达设定温度后，将45号钢放入炉中加热，并待温度回升后开始计时，保温30min。

（4）将45号钢取出，放入水槽中冷却。

（5）将淬火后的45号钢制成标准金相试样，在金相显微镜下进行观察，分析淬火对组织的影响。

6.3.7　实验注意事项

（1）注意用电安全。

（2）注意人身安全，例如在热处理过程中，由于温度较高，切勿用手直接接触钢料，以防烫伤。

（3）正确操作高温炉，应注意炉衬严禁撞击，进料时不得随意乱抛。

（4）热处理时采用到温入炉的方式，以期减少氧化、脱碳及变形等，从而提高淬火效率。

（5）淬火保温后快速取出试样，在冷却介质中不断窜动，充分冷却。

（6）爱护实验仪器及设备，例如在金相显微镜使用过程中，转动粗调或微调旋钮时动作要慢，感到阻碍时不得用力强行转动以免损坏机件，同时，将试样放在载物台中心时，试样要清洁、干燥，以免沾污、侵蚀镜头。

6.3.8　实验作业

（1）说明 45 号钢淬火热处理所需设备、实验原理、过程及注意事项。

（2）画出通过金相显微镜观察到的 45 号钢的淬火组织，并分析淬火对组织的影响。

6.4　淬火热处理对钢强度的影响

6.4.1　实验名称

淬火热处理对钢强度的影响

6.4.2　实验目的

（1）熟悉材料试验机和游标卡尺的使用。

（2）测定 Q235 钢淬火前后的屈服极限 σ_s、强度极限 σ_b，分析淬火对钢强度的影响。

（3）观察 Q235 钢拉伸过程中的弹性变形、屈服、强化和缩颈等物理现象。

6.4.3　实验设备

手动数显材料试验机、MaxTC220 试验机测试仪、游标卡尺。

6.4.4　试样制备

Q235 钢试样如图 6.4.1 所示，直径 $d=10\text{mm}$，标距 $L_0=100\text{mm}$。

图 6.4.1　Q235 钢试样

6.4.5　实验原理

（1）材料达到屈服时，应力基本不变而应变增加，材料暂时失去了抵抗变形的能力，此时的应力即为屈服极限 σ_s。

（2）材料在拉断前所能承受的最大应力，即为强度极限 σ_b。

6.4.6 实验内容与步骤

（1）调零：打开示力仪开关，待示力仪自检停后，按清零按钮，使显示屏上的按钮显示为零。

（2）加载：用手握住手柄，顺时针转动施力使动轴通过传动装置带动千斤顶的丝杠上升，使试样受力，直至断裂。

（3）示力：在试样受力的同时，装在螺旋千斤顶和顶梁之间的压力传感器受压产生压力信号，通过回蕊电缆传给电子示力仪，电子示力仪的显示屏上即用数字显示出力值。

（4）重复以上步骤，分别测试 Q235 钢淬火前后的强度，打印出实验过程中的应力-应变曲线。

（5）关机：卸下试样，操作定载升降装置使移动挂梁降到最低时关闭示力仪开关，断开电源。

（6）根据淬火前后应力-应变曲线中屈服极限 σ_s 和强度极限 σ_b 的变化，分析淬火对钢强度的影响。

6.4.7 实验过程观察分析

低碳钢的拉伸过程分为四个阶段，分别为弹性变形阶段、屈服阶段、强化阶段和缩颈阶段。

（1）弹性变形阶段：在拉伸的初始阶段，应力和应变的关系为直线，此阶段符合胡克定律，即应力和应变成正比。

（2）屈服阶段：超过弹性极限后，应力增加到某一数值时，应力应变曲线上出现接近水平线的小锯齿形线段，此时，应力基本保持不变，而应变显著增加，材料失去了抵抗变形的能力，锯齿线段对应的应力为屈服极限。

（3）强化阶段：经屈服阶段后，材料又恢复了抵抗变形的能力，要使它继续变形，必须增加拉力，强化阶段中最高点对应的应力为材料所能承受的最大应力，即强度极限。

（4）缩颈阶段：当应力增大到最大值之后，试样某一局部出现显著收缩，产生缩颈，此后使试样继续伸长所需要的拉力减小，最终试样在缩颈处断裂。

6.4.8 实验作业

（1）说明测定屈服极限 σ_s、强度极限 σ_b 的实验原理及步骤。

（2）根据实验结果，分析淬火对钢强度的影响。

（3）对实验过程中的现象进行观察分析。

6.5 布氏硬度计的使用及硬度测试

6.5.1 实验名称

布氏硬度计的使用及硬度测试

6.5.2　实验目的

（1）了解布氏硬度测试的基本原理。
（2）了解布氏硬度计的使用方法。
（3）掌握布氏硬度的测试方法。

6.5.3　实验设备及材料

HBE-3000A 型电子布氏硬度计、读数显微镜、铸铁试样。

6.5.4　实验原理

布氏硬度试验是用一定直径的钢球，以规定试验力压入被试验物体的表面，经规定的保持试验力时间后，卸除试验力，用读数显微镜测量试样表面的压痕直径。将试验力、保持时间及压痕直径对照布氏硬度计算表，即可查出布氏硬度的数值。

6.5.5　实验内容与步骤

（1）压头的安装：选定直径为 $D=10\text{mm}$ 的压头，将压头装入轴孔内，旋转紧定螺钉，使其轻压于压头轴芯的扁平处，然后将工作台直接安装在升降丝杆上，再将试块稳固的放置于工作台上，旋转旋轮使试台缓慢上升，试样与压头轻轻接触，旋紧紧定螺钉，转动旋轮，使压头与试块脱离。

（2）打开电源开关，面板显示 $A\sim0$ 倒计数，到力值数码管显示 0 时，杠杆自动调整进入工作起始位置，如力值数码管有残值，按清零键清除。

（3）在操作面板上将力值设置为 $F=29400\text{N}$（3000kgf），时间设定为 15s。

（4）转动手轮，使工作台上升，待试样接触压头的同时试验力也开始显示，当试验力接近自动加荷值 90kgf（882.6N）时必须缓慢上升。到达自动加荷值时，仪器会发出"嘟"的响声，同时，停止转动手轮，加荷指示灯"LOADING"点亮，负荷自动加载，运行到达所选定的力值时，保荷开始，保荷指示灯"DWELL"点亮，加荷指示灯熄灭，并进入倒计时，待保荷时间结束，保荷指示灯熄灭，自动进行卸载，同时卸载指示灯"UN-LOADING"点亮，卸载结束后指示灯熄灭，反向转动旋轮使试样与压头脱离，杠杆恢复到起始位置。

（5）在布氏硬度工作台上取下试样，将打好压痕的试样放在平稳的台面上，把读数显微镜放在试样上，在视场中可见被放大的布氏压痕，测量两个相互垂直方向上的压痕直径。

（6）取两次压痕直径的平均值，在对照表中查出其相应的布氏硬度值。

6.5.6　注意事项

（1）仪器加卸载荷信号均由传感器反馈得到，传感器的输出信号相当微弱，为保证仪器的正常工作及避免可能发生的不必要的损坏，使用仪器时，周围应避免强电干扰源，测试结束应关机。

（2）仪器在加载荷过程中会发出一些轻微的响声，这是加荷机构在做自动调整，属于正常现象。

（3）读数显微镜的精度已在出厂时调整好，不允许自行拆装。

6.5.7 数据处理

测量两个相互垂直方向上的压痕直径，得 d_1 = _____ mm，d_2 = _____ mm；因此，压痕直径的平均值为：$d = (d_1 + d_2)/2$ = _____ mm。根据压痕直径 d、试验力 29400N 及 $0.102F/D^2 = 30$ 查对照表得：布氏硬度为_____ HBW。

6.5.8 实验作业

（1）说明布氏硬度测试的实验原理、步骤及注意事项。

（2）测定给定试样的布氏硬度数值。

7 互换性与测量技术

7.1 外径千分尺测量轴径

7.1.1 实验目的

（1）了解外径千分尺的构造。
（2）掌握使用外径千分尺测量长度的原理和方法并能进行实际操作测量。

7.1.2 仪器和器材

外径千分尺及相关附件。

7.1.3 量仪说明和测量原理

外径千分尺通常简称为千分尺或螺旋测微器，它是比游标卡尺更精密的长度测量仪器，常见的一种如图7.1.1所示，它的分度值是0.01mm，量程是0~25mm。

外径千分尺的结构由固定的尺架、测砧、测微螺杆、固定套管、微分筒、测力装置、锁紧装置等组成。固定套管上有一条水平线，这条线

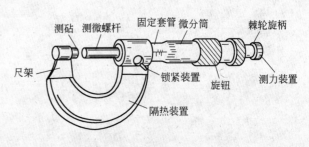

图 7.1.1 外径千分尺结构图

上、下各有一列间距为1mm的刻度线，上面的刻度线恰好在下面两相邻刻度线中间。微分筒上的刻度线是将圆周分为50等分的水平线，它是旋转运动的。

根据螺旋运动原理，当微分筒（又称可动刻度筒）旋转一周时，测微螺杆前进或后退一个螺距为0.5mm。这样，当微分筒旋转一个分度后，它转过了1/50周，这时螺杆沿轴线移动了1/50×0.5mm＝0.01mm，因此，使用千分尺可以准确读出0.01mm的数值。

7.1.4 测量步骤

测量前将被测物擦干净，松开千分尺的锁紧装置，转动旋钮，使测砧与测微螺杆之间的距离略大于被测物体。一只手拿千分尺的尺架，将待测物置于测砧与测微螺杆的端面之间，另一只手转动旋钮，当螺杆要接近物体时，改旋测力装置直至听到"喀喀"声。旋紧锁紧装置（防止移动千分尺时螺杆转动），即可读数。

7.1.5 使用千分尺的注意事项

（1）千分尺是一种精密的量具，使用时应小心谨慎，动作轻缓，不要让它受到打击和碰撞。千分尺内的螺纹非常细密，使用时要注意：

1）旋钮和测力装置在转动时不能过分用力。

2）当转动旋钮使测微螺杆靠近待测物时，一定要改旋测力装置，不能转动旋钮使螺杆压在待测物上。

3）当测微螺杆与测砧已将待测物卡住或旋紧锁紧装置的情况下，决不能强行转动旋钮。

（2）有些千分尺为了防止手温使尺架膨胀引起微小的误差，在尺架上装有隔热装置。实验时应手握隔热装置，而尽量少接触尺架的金属部分。

（3）使用千分尺测同一长度时，一般应反复测量几次，取其平均值作为测量结果。

（4）千分尺用完后，应用纱布擦干净，在测砧与螺杆之间留出一点空隙，放入盒中。如长期不用可抹上黄油或机油，放置在干燥的地方。注意不要让它接触腐蚀性的气体。

7.1.6 实验作业

按要求将被测件的相关信息、测量结果及测量条件填入表 7.1.1 中。

表 7.1.1 实验结果记录

被测件名称				测量器具		
测量次数与测量值	测量值/mm					平均值/mm
	1	2	3	4	5	
测量简图						
合格性判断						

7.2 内径百分表测量孔径

7.2.1 实验目的

（1）了解内径百分表的测量原理。
（2）学会内径百分表的调零及测量方法。

7.2.2 仪器和器材

内径百分表、外径千分尺及相关附件。

7.2.3   量仪说明和测量原理

内径百分表适用于测量一般精度的深孔零件，图 7.2.1 是内径百分表的结构示意图。内径百分表由百分表和表架组成，是以同轴线的固定测头和活动测头与被测孔壁相接触进行测量的。它备有一套长短不同的固定测头，可根据被测孔径大小选择更换。内径百分表的测量范围取决于固定测头的尺寸范围。测量时，活动测头受到孔壁的压力而产生位移，该位移经杠杆系统传递给百分表，并由百分表进行读数。为了保证两侧头的轴线处于被测孔的直径方向上，在活动测头的两侧有对称的定位片。

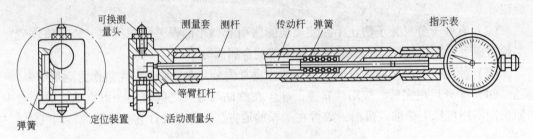

图 7.2.1   内径百分表结构示意图

7.2.4   实验步骤

7.2.4.1   预调整

（1）将百分表装入量杆内，预压缩 1mm 左右（百分表的小指针指在 1 的附近）后锁紧。

（2）根据被测零件基本尺寸选择适当的可换测量头装入量杆的头部，用专用扳手扳紧锁紧螺母。此时应特别注意可换测量头与活动测量头之间的长度须大于被测尺寸 0.8～1mm，以便测量时活动测量头能在基本尺寸的正、负一定范围内自由运动。

7.2.4.2   调节零位

（1）按被测零件的基本尺寸选择适当测量范围的外径千分尺，将外径千分尺对在被测基本尺寸上。

（2）将内径百分表的两测头放在外径千分尺两量爪之间，与两量爪接触。为了使内径百分表的两测头的轴线与两量爪平面相垂直，需拿住表杆中部微微摆动内径百分表，找出表针的转折点，并转动表盘使"0"刻线对准转折点，此时零位已调好。

7.2.4.3   测量孔径

（1）手握内径百分表的隔热手柄，先将内径百分表的活动测量头和定位装置轻轻压入被测孔径中，然后再将可换测量头放入。当测头达到指定的测量部位时，将表轻微在轴向截面内摆动，如图 7.2.2 所示，读出指示表最小读数，即为该测量点孔径的实际偏差。

测量时要特别注意该实际偏差的正、负符号，即表针顺时针方向未达到零点的读数是正值，表针按顺时针方向超过零点的读数是负值。

（2）如图 7.2.3 所示，在被测孔轴向的三个横截面及每个截面相互垂直的两个方向上，共测 6 个点，将数据记入实验报告中，按孔的验收极限判断其合格与否。

7.2.4.4　评定合格性

若被测孔径实际偏差为 Ea，则满足 $EI \leqslant Ea \leqslant ES$，即为合格。

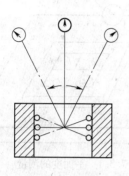

图 7.2.2　测量示意图

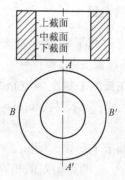

图 7.2.3　测量位置

7.2.5　实验作业

按要求将被测件的相关信息、测量结果及测量条件填入表 7.2.1 中。

表 7.2.1　实验结果记录

被测件名称		测量器具	
测量结果/mm			
测量部位		实际偏差值	基本尺寸、上下偏差、测量简图
上剖面	$A—A'$		
	$B—B'$		
中剖面	$A—A'$		
	$B—B'$		
下剖面	$A—A'$		
	$B—B'$		
合格性判断			

7.3　形位误差测量

7.3.1　实验目的

（1）了解平板测量方法。

（2）掌握平板测量的评定方法及数据处理方法。

7.3.2　测量概述

测量平板的平面度误差的主要方法是用标准平板模拟基准平面，用百分表进行测量，如图 7.3.1 所示。

基准平板的精度较高，一般为 0 级或 1 级。对大、中型平板可按一定的布线方式测量若干直线的各点，按对角线法进行数据处理。平面度误差值为各测点中的最大正值与最大负值的绝对值之和。

7.3.3 实验步骤

（1）将被测平板置于基准平板上，并由 3 个千斤顶支起。

（2）在被测平板上画方格线，定出 a_1、a_2、a_3、b_1、b_2、b_3、c_1、c_2、c_3 共 9 个点。

（3）调节千斤顶，使 a_1、c_3 两点偏差为零，a_3、c_1 两点偏差值相等。

（4）对每个点进行测量，记下 9 个数据。

（5）数据处理。将 9 个数据中的最大正值与最大负值的绝对值相加，即为被测实际表面的平面度误差。

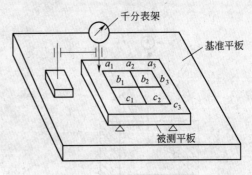

图 7.3.1　平面度的测量

7.4　螺纹参数测量

7.4.1 实验目的

（1）掌握用三针法测量螺纹中径的原理。
（2）学会用三针法测量螺纹中径的方法。

7.4.2 测量原理

三针测量法如图 7.4.1 所示。用三针法测量螺纹中径，属于间接测量。测量时，将三根直径相同的量针分别放入相应的螺纹沟槽内，用千分尺量出两边钢针顶点间的距离 M。根据 M、P、$\alpha/2$ 以及 d_0（d_0 为量针的直径），算出中径 d_2：

$$d_2 = M - d_0 \left(1 + \frac{1}{\sin \frac{\alpha}{2}} \right) + \frac{P}{2} \cot \frac{\alpha}{2} \tag{7.4.1}$$

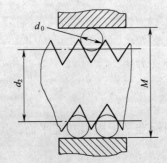
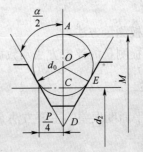

图 7.4.1　三针测量法

对普通螺纹，$\dfrac{\alpha}{2}=30°$，故 $d_2 = M - 3d_0 + 0.866P$。

为了减小螺纹牙型半角误差对测量结果的影响，应使选用的量针与螺纹牙侧在中径相切，此时的量针称最佳量针。最佳量针的直径为

$$d_{0佳} = \dfrac{P}{2\cos\dfrac{\alpha}{2}} \qquad (7.4.2)$$

当 $\dfrac{\alpha}{2}=30°$ 时，$d_{0佳} = 0.577P$。

使用量针时，首先根据被测螺纹参数选择最佳直径的量针；若无最佳直径的量针时，可用最接近该直径的量针代替。

7.4.3 实验步骤

（1）计算最佳量针直径。

（2）按图 7.4.2 所示进行螺纹中径的测量，测量结果取 N 次实测中径的平均值。

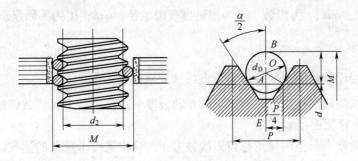

图 7.4.2 用三针法测量螺纹中径

7.5 齿厚测量

7.5.1 实验目的

（1）了解齿厚游标卡尺的工作原理和使用方法。

（2）熟悉齿轮有关参数计算。

7.5.2 仪器和器材

齿厚游标卡尺、外径千分尺。

7.5.3 量仪说明和测量原理

齿厚偏差 ΔE_s 是指在齿轮分度圆柱面上，齿厚实际值与公称值之差。对于斜齿轮是指法向齿厚。控制齿厚偏差 ΔE_s 是为了保证齿轮传动中所需的齿侧间隙。齿轮分度圆齿厚

可用如图 7.5.1 所示的齿厚游标卡尺测量。该卡尺与普通卡尺相比，是在原卡尺的垂直方向又加了一个卡尺，即水平放着的宽度卡尺与垂直放置的高度卡尺的组合。使用时由垂直卡尺定位，在水平卡尺上读得实际齿厚。

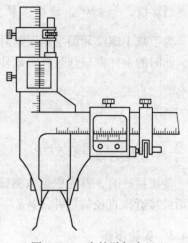

使用方法：先将高度卡尺调节为齿顶高，然后紧固；再将高度卡尺工作面接触轮齿顶面，移动宽度卡尺至两量爪与齿面接触为止，这时宽度卡尺上的读数为齿厚。

齿轮在分度圆处弦齿高 $\bar{h}$ 与弦齿厚 $\bar{s}$ 的公称值按下式计算：

$$\bar{h} = m\left[1 + \frac{z}{2}\left(1 - \cos\frac{90°}{z}\right)\right] + (R'_e - R_e)$$

图 7.5.1　齿轮游标卡尺

$$\bar{s} = m \cdot z \cdot \sin\frac{90°}{z} \tag{7.5.1}$$

式中，m 为模数，mm；z 为齿数；R_e 为理论齿顶圆半径，mm；R'_e 为实际齿顶圆半径，mm。

7.5.4　实验步骤

（1）用外径千分尺测出实际齿顶圆直径（要求齿数为偶数）。

（2）计算被测量圆柱直齿轮的齿顶高 $\bar{h}$ 和齿厚 $\bar{s}$；将高度卡尺读数调整到齿顶高，然后紧固，并与齿轮顶面接触。

（3）移动宽度卡尺至两量爪与齿面接触为止，读出宽度卡尺上的读数即为齿厚。

（4）在齿轮均匀分布的四个位置上的测量，分别用实际齿厚减去公称齿厚，即为个齿的齿厚实际偏差 ΔE_s，这些值都应在齿厚上下偏差 E_{ss}、E_{si} 之间。

7.5.5　思考题

简要分析齿顶圆直径大小对测量结果的影响，并说明如何消除此影响。

7.6　齿轮公法线平均长度偏差及公法线长度变动测量

7.6.1　实验目的

（1）掌握公法线长度测量的基本方法。
（2）加深理解公法线平均长度偏差及公法线长度变动两项指标的意义。

7.6.2　仪器和器材

公法线千分尺。

7.6.3　量仪说明和测量原理

公法线长度 W 是指基圆切线与齿轮上两异名齿廓交点间的距离。公法线平均长度偏差 ΔE_{wm} 是指在齿轮一周范围内，公法线长度平均值 $\overline{W}$ 与公称值 W 之差，即 $\Delta E_{Wm} = \overline{W} - W$。图 7.6.1 为公法线千分尺测量示意图，由图 7.6.1 知，当被测齿轮齿厚发生变化时，公法线长度也相应发生变化。因此公法线平均长度偏差 ΔE_{wm} 是评定齿侧间隙的一个指标。取公法线长度平均值是为消除运动偏心对公法线长度的影响。

公法线长度变动 ΔF_w 是指在齿轮一周范围内，实际公法线长度的最大值 W_{max} 与 W_{min} 之差，即 $\Delta F_w = W_{max} - W_{min}$。齿轮运动偏心越大，公法线长度变动也越大，公法线长度变动 ΔF_w 与运动偏心 e_K 的关系为：$\Delta F_w = 4e_K \sin\alpha$，其中 α 为齿形角。

公法线测量可采用具有两个平行测量面，且能插入被测齿轮相隔一定齿数的齿槽中的量具或仪器，如公法线千分尺、万能测齿仪等。在大批量生产中，还可以采用公法线极限量规进行测量。图 7.6.1 中千分尺的结构、使用方法及读数原理同普通千分尺，只是测量面制成盘形，以便于伸入齿间进行测量。

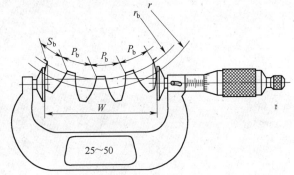

图 7.6.1　公法线千分尺测量示意图

7.6.4　实验步骤

（1）测量公法线长度时，其公法线公称长度 W、跨齿数 n 的计算：

$$W = m\cos\alpha[\pi/2(2n-1) + 2\xi \cdot \tan\alpha + z\,\mathrm{inv}\alpha] \tag{7.6.1}$$

式中，m 为模数；inv 为渐开线函数；α 为齿形角；ξ 为变位系数；z 为被测齿轮齿数。对于标准直齿轮（$\xi = 0$，$\alpha = 20°$）则有：

$$W = m[1.476(2n-1) + 0.014z] \tag{7.6.2}$$

$$n \approx Z/9 + 0.5 \tag{7.6.3}$$

$$n \approx 0.111 + 0.5$$

其中 n 取成最接近计算值的整数，也可按表 7.6.1 选取。

表 7.6.1　被测齿轮齿数 z 与跨齿数 n 对应表

z	11~18	19~27	28~36	37~45	46~54
n	2	3	4	5	6
z	55~63	64~72	73~81	82~90	91~99
n	7	8	9	10	11

（2）测量方法：

首先用标准量棒校对所用千分尺的零位。根据跨齿数 n 按图 7.6.1 所示对被测齿轮逐齿测量或沿齿圈均布测量六条公法线长度，取最大值 W_{max} 与 W_{min} 之差为公法线长度变动 ΔF_w；测量列三个对称位置上测量值的平均值 $\overline{W}$ 与公称值 W 之差为公法线平均长度偏差 ΔE_{Wm}。

注意：为保证测量结果准确，测量时应轻摆千分尺，取最小读数值，要正确使用棘轮机构，以控制测量力。

7.6.5　思考题

ΔF_w、ΔE_{Wm} 对齿轮使用要求有何影响，二者有何区别？

8 机械控制工程基础

8.1 控制系统典型环节的模拟实验

8.1.1 实验目的

（1）掌握控制系统中典型环节的电路模拟及其参数的测定方法。

（2）测量典型环节的阶跃响应曲线，了解参数变化对环节输出性能的影响。

8.1.2 实验内容

（1）设计并组建各典型环节的模拟电路。

（2）测量各典型环节的阶跃响应，并研究参数变化对其输出响应的影响。

8.1.3 实验原理

8.1.3.1 比例环节

方块图如图 8.1.1 所示。

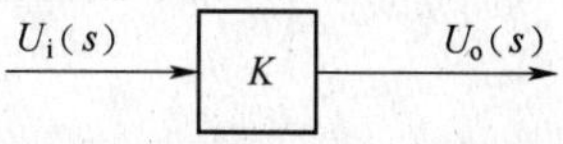

传递函数：$\dfrac{U_o(s)}{U_i(s)} = K$

图 8.1.1 比例环节方块图

模拟电路图如图 8.1.2 所示，$K = R_1/R_0$。

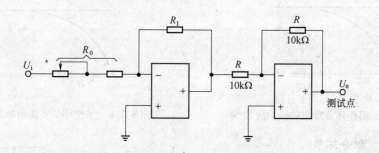

图 8.1.2 比例环节模拟电路

$R_0 = 250\text{k}\Omega$，$R_1 = 100\text{k}\Omega$ 时，理想阶跃响应曲线如图 8.1.3 所示，实测阶跃响应曲线如图 8.1.4 所示。

8.1.3.2 惯性环节

方块图如图 8.1.5 所示。

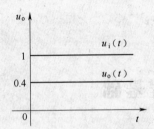

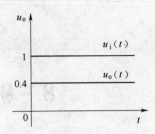

图 8.1.3　比例环节理想阶跃响应曲线　　　图 8.1.4　比例环节实测阶跃响应曲线

传递函数：$\dfrac{U_o(s)}{U_i(s)}=\dfrac{K}{Ts+1}$

模拟电路图如图 8.1.6 所示，$K=R_1/R_0$，$T=R_1C$。

$R_1=250\text{k}\Omega$，$R_0=250\text{k}\Omega$，$C=1\mu\text{F}$ 时，理想的阶跃响应　　图 8.1.5　惯性环节方块图
曲线如图 8.1.7 所示，实测阶跃响应曲线如图 8.1.8 所示。

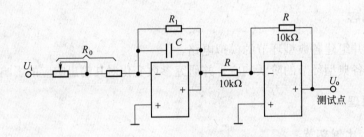

图 8.1.6　惯性环节模拟电路

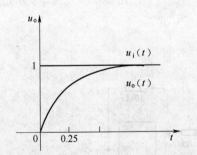

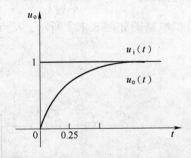

图 8.1.7　惯性环节理想阶跃响应曲线　　　图 8.1.8　惯性环节实测阶跃响应曲线

8.1.3.3　积分环节

方块图如图 8.1.9 所示。

传递函数：$\dfrac{U_o(s)}{U_i(s)}=\dfrac{1}{Ts}$

图 8.1.9　积分环节方块图

模拟电路图如图 8.1.10 所示，$T=R_0C$。

$R_0=200\text{k}\Omega$，$C=1\mu\text{F}$ 时，理想阶跃响应曲线如图 8.1.11 所示，实测阶跃响应曲线如图 8.1.12 所示。

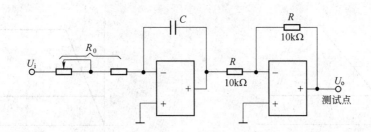

图 8.1.10   积分环节模拟电路

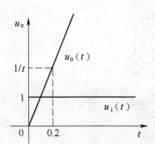

图 8.1.11   积分环节理想阶跃响应曲线

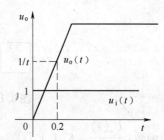

图 8.1.12   积分环节实测阶跃响应曲线

8.1.3.4   比例积分环节

方块图如图 8.1.13 所示。

传递函数：$\dfrac{U_o(s)}{U_i(s)} = K + \dfrac{1}{Ts}$

模拟电路图如图 8.1.14 所示，$K = R_1/R_0$，$T = R_0 C$。

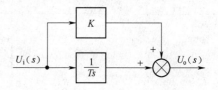

图 8.1.13   比例积分环节方块图

$R_1 = 100\text{k}\Omega$，$R_0 = 200\text{k}\Omega$，$C = 1\mu\text{F}$ 时，理想阶跃响应曲线如图 8.1.15 所示，实测的阶跃响应曲线如图 8.1.16 所示。

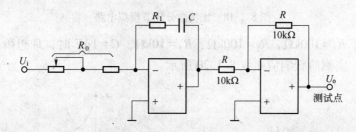

图 8.1.14   比例积分环节模拟电路

8.1.3.5   比例微分环节

方块图如图 8.1.17 所示。

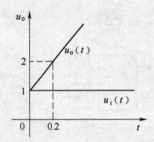
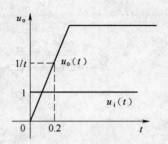

图 8.1.15　比例积分环节理想阶跃响应曲线　　　图 8.1.16　比例积分环节实测阶跃响应曲线

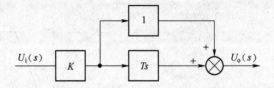

图 8.1.17　比例微分环节方块图

传递函数: $\dfrac{U_o(s)}{U_i(s)} = K(1 + Ts)$

模拟电路图如图 8.1.18 所示,$K=R_1+R_2/R_0$,$T=R_1R_2C/(R_1+R_2)$。

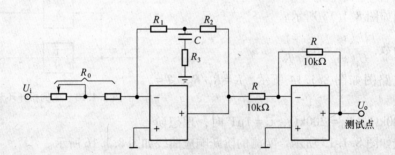

图 8.1.18　比例微分环节模拟电路

$R_0 = 100\text{k}\Omega$,$R_1 = 100\text{k}\Omega$,$R_2 = 100\text{k}\Omega$,$R_3 = 10\text{k}\Omega$,$C = 1\mu\text{F}$ 时,理想阶跃响应曲线如图 8.1.19 所示,实测阶跃响应曲线 8.1.20 所示。

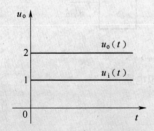
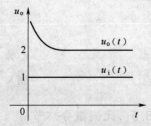

图 8.1.19　比例微分环节理想阶跃响应曲线　　　图 8.1.20　比例微分环节实测阶跃响应曲线

8.1.3.6 比例积分微分环节

方块图如图 8.1.21 所示。

传递函数：$\dfrac{U_o(s)}{U_i(s)} = K_P + \dfrac{1}{T_i s} + T_d s$

模拟电路图如图 8.1.22 所示，$K_P = R_1/R_0$，$T_1 = R_0 C_1$，$T_D = R_1 R_2 C_2 / R_0$。

$R_0 = 100\text{k}\Omega$，$R_1 = 200\text{k}\Omega$，$R_2 = 10\text{k}\Omega$，$R_3 = 10\text{k}\Omega$，$C_1 = C_2 = 1\mu\text{F}$ 时，理想阶跃曲线如图 8.1.23 所示，实测阶跃曲线如图 8.1.24 所示。

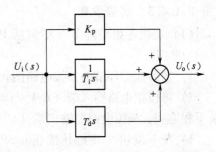

图 8.1.21 比例积分微分环节方块图

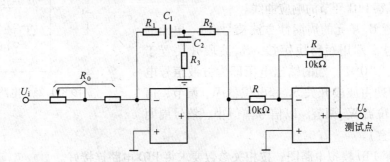

图 8.1.22 比例积分微分环节模拟电路

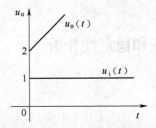

图 8.1.23 比例积分微分环节理想阶跃响应曲线

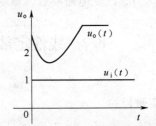

图 8.1.24 比例积分微分环节实测阶跃响应曲线

8.1.4 实验步骤

8.1.4.1 准备

使运放处于工作状态，将信号发生器单元 U_1 的 ST 端与 +5V 端用"短路块"短接，使模拟电路中的场效应管（3DJ6）夹断，这时运放处于工作状态。

8.1.4.2 阶跃信号的产生

电路可采用如图 8.1.25 所示电路，它由"阶跃信号单元"（U_3）及"给定单元"（U_4）组成。

具体线路形成：在 U_3 单元中，将 H_1 与 +5V 端用 1 号实验导线连接，H_2 端用 1 号实验导线接至 U_4 单元的 X 端；在 U_4 单元中，将 Z 端和 GND 端用 1 号实验导线连接，最后由插座的 Y 端输出信号。

8.1.4.3   实验步骤

（1）观测各典型环节（不包括 PID 环节）的阶跃响应曲线。

1）按各典型环节的模拟电路图将线接好。

2）将模拟电路输入端（U_i）与阶跃信号的输出端 Y 相连接；模拟电路的输出端（U_o）接至示波器。

3）按下按钮（或松开按钮）SP 时，用示波器观测输出端的实际响应曲线 $U_o(t)$，且将结果记下。改变比例参数，重新观测结果。

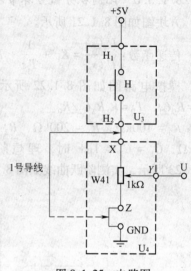

图 8.1.25   电路图

（2）观察 PID 环节的响应曲线。

1）设置 U_1 单元的周期性方波信号（U_1 单元的 ST 端改为与 S 端用短路块短接，S_{11} 波段开关置于"方波"档，"OUT"端的输出电压即为方波信号电压，信号周期由波段开关 S_{11} 和电位器 W_{11} 调节，信号幅值由电位器 W_{12} 调节。以信号幅值小、信号周期较长比较适宜）。

2）参照 PID 模拟电路图，按相关参数要求将 PID 电路连接好。

3）将 1）中产生的周期性方波信号加到 PID 环节的输入端（U_i），用示波器观测 PID 输出端（U_o），改变电路参数，重新观察并记录。

8.2   线性定常系统的瞬态响应和稳定性分析

8.2.1   实验目的

（1）通过二阶、三阶系统的模拟电路实验，掌握线性定常系统动、静态性能的一般测试方法。

（2）研究二阶、三阶系统的参数与其动、静态性能间的关系。

8.2.2   实验内容

（1）通过对二阶系统开环增益的调节，使系统分别呈现为欠阻尼 $0<\xi<1$（$R=10\text{k}\Omega$，$K=10$），临界阻尼 $\xi=1$（$R=40\text{k}\Omega$，$K=2.5$）和过阻尼 $\xi>1$（$R=100\text{k}\Omega$，$K=1$）三种状态，并用示波器记录它们的阶跃响应曲线。

（2）通过对二阶系统开环增益 K 的调节，使系统的阻尼比 $\xi=\dfrac{1}{\sqrt{2}}=0.707$（$R=20\text{k}\Omega$，$K=5$），观测此时系统在阶跃信号作用下的动态性能指标：超调量 M_p，上升时间 t_p 和调整时间 t_s。

（3）研究三阶系统的开环增益 K 或一个慢性环节时间常数 T 的变化对系统动态性能的影响。

8.2.3　实验原理

8.2.3.1　二阶系统

二阶系统的方块图如图 8.2.1 所示，图中 $\tau = 1\mathrm{s}$，$T_1 = 0.1\mathrm{s}$。

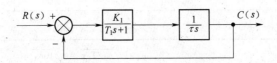

图 8.2.1　二阶系统方块图

模拟电路如图 8.2.2 所示。

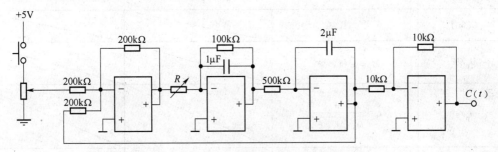

图 8.2.2　二阶系统模拟电路

由图 8.2.1 可知，系统的开环传递函数为：

$$G(s) = \frac{K_1}{\tau s(T_1 s + 1)} = \frac{K}{s(T_1 s + 1)}$$

式中，$K = \dfrac{K_1}{\tau}$。

相应的闭环传递函数为：

$$\frac{C(s)}{R(s)} = \frac{K}{T_1 s^2 + s + K} = \frac{\dfrac{K}{T_1}}{s^2 + \dfrac{1}{T_1}s + \dfrac{K}{T_1}} \tag{8.2.1}$$

二阶系统闭环传递函数的标准形式为：

$$\frac{C(s)}{R(s)} = \frac{\omega_n^2}{s^2 + 2\xi\omega_n s + \omega_n^2} \tag{8.2.2}$$

比较式（8.2.1）和式（8.2.2）得：

$$\omega_n = \sqrt{\frac{K}{T_1}} = \sqrt{\frac{K_1}{\tau T_1}} \tag{8.2.3}$$

$$\xi = \frac{1}{2\sqrt{KT_1}} = \frac{1}{2}\sqrt{\frac{\tau}{T_1 K_1}} \tag{8.2.4}$$

　　二阶系统在三种情况（欠阻尼、临界阻尼、过阻尼）下具体参数的表达式见表 8.2.1。

表 8.2.1　二阶系统参数表达式

参数 ＼ 阻尼情况	$0<\xi<1$	$\xi=1$	$\xi>1$
K	$K=K_1/\tau$		
ω_n	$\omega_n=\sqrt{K_1/T_1\tau}=\sqrt{10K_1}$		
ξ	$\xi=\dfrac{1}{2}\sqrt{\dfrac{\tau}{K_1T_1}}=\dfrac{\sqrt{10K_1}}{2K_1}$		
$C(t_p)$	$C(t_p)=1+e^{-\xi\pi/\sqrt{1-\xi^2}}$		
$C(\infty)$	1		
$M_p/\%$	$M_p=e^{-\xi\pi/\sqrt{1-\xi^2}}$		
t_p/s	$t_p=\dfrac{\pi}{\omega_n\sqrt{1-\xi^2}}$		
t_s/s	$t_s=\dfrac{4}{\xi\omega_n}$		

　　由图 8.2.2 可知：

$$G(s)=\frac{K_1}{s(0.1s+1)}=\frac{100K/R}{s(0.1s+1)}$$

故可得：

$$K_1=100K/R$$

$$\xi=\frac{\sqrt{10K_1}}{2K_1}$$

$$\omega_n=\sqrt{10K_1}$$

　　当 K_1 分别为 10、5、2.5、1，即当电路中的电阻 R 值分别为 10kΩ、100kΩ 时系统相应的阻尼比 ξ 为 0.5、1.58，它们的单位阶跃响应曲线如图 8.2.3 所示。

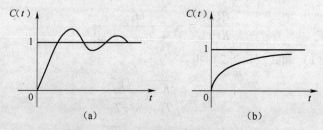

图 8.2.3　二阶系统单位阶跃响应曲线
（a）$R=10$kΩ；（b）$R=100$kΩ

8.2.3.2　三阶系统

三阶系统的方块图如图 8.2.4 所示。三阶系统的模拟电路图如图 8.2.5 所示。

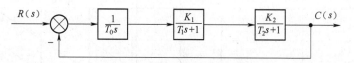

图 8.2.4　三阶系统方块图

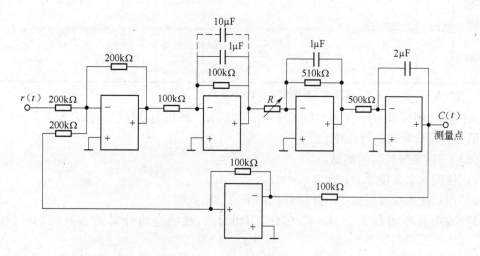

图 8.2.5　三阶系统模拟电路图

由图 8.2.4 可知，该系统的开环传递函数为：

$$G(s) = \frac{K}{s(T_1 s + 1)(T_2 s + 1)}$$

式中，$T_1 = 0.1\text{s}$，$T_2 = 0.51\text{s}$，$K = \dfrac{510}{R}$。

系统的闭环特征方程：

$$s(T_1 + 1)(T_2 s + 1) + K = 0$$

即　　　　　　　　　　$$0.051s^3 + 0.61s^2 + 3 + K = 0$$

由 Routh 稳定判据可知 $K \approx 12$（系统稳定的临界值）系统产生等幅振荡，$K > 12$，系统不稳定，$K < 12$，系统稳定。

8.2.4　实验步骤

准备工作：将"信号发生器单元" U_1 的 ST 端和 +5V 端用"短路块"短接，并使运放反馈网络上的场效应管 3DJ6 夹断。

（1）二阶系统瞬态性能的测试。

1）按图 8.2.2 接线，并使 R 分别等于 100kΩ、10kΩ 用于示波器，分别观测系统的阶跃的输出响应波形。

2）调节 R，使 $R = 20\text{k}\Omega$（此时 $\xi = 0.707$），然后用示波器观测系统的阶跃响应曲线，

表 8.2.2   二阶系统瞬态性能测试数据

参数 项目	$R/\text{k}\Omega$	K	ω_n	ξ	$C(t_p)$	$C(\infty)$	$M_p/\%$	T_p/s	t_s/s	阶跃响应曲线
$0<\xi<1$ 欠阻尼 响应										
$\xi=1$ 临界阻 尼响应					—		—			
$\xi>1$ 过阻尼 响应					—		—			

注：有斜线的格中斜线上填入测量值，斜线下填入理论计算值。

并由曲线测出超调量 M_p，上升时间 t_p 和调整时间 t_s。将相关数据记录在表 8.2.2 中，并将测量值与理论计算值进行比较。

（2）三阶系统性能的测试。

1）按图 8.2.5 接线，并使 $R=30\text{k}\Omega$。

2）用示波器观测系统在阶跃信号作用下的输出波形。

3）减小开环增益（令 $R=42.6\text{k}\Omega$，$100\text{k}\Omega$），观测这两种情况下系统的阶跃响应曲线。

4）同一个 K 值下，如 $K=5.1$（对应的 $R=100\text{k}\Omega$），将第一个惯性环节的时间常数由 0.1s 变为 1s，然后再用示波器观测系统的阶跃响应曲线。并将测量值与理论计算值进行比较，并在表 8.2.3 中填写相关数据，记录相关实验波形。

表 8.2.3   三阶系统性能测试数据

$R/\text{k}\Omega$	K	输出波形	稳定性
30			
42.6			
100			

8.2.5   思考题

（1）为什么图 8.2.1 所示的二阶系统不论 K 增至多大，该系统总是稳定的？

（2）通过改变三阶系统的开环增益 K 和第一个惯性环节的时间常数，讨论得出它们的变化对系统的动态性能会产生什么影响。

8.3   控制系统的频率特性

8.3.1   实验目的

通过模拟电路，观察示波器波形，分析最小相位系统的开环频率特性。

8.3.2 实验内容

利用 U_{15} D/A 转换单元提供频率和幅值均可调的基准正弦信号源，作为被测对象的输入信号，测量单元的 CH1 通道用来观测被测环节的输出（本实验中请使用频率特性分析示波器），选择不同角频率及幅值的正弦信号源作为对象的输入，可测得相应的环节输出，并在 PC 机屏幕上显示，可以根据所测得的数据正确描述对象的对数幅频和相频特性图，并由对数幅频特性曲线求出系统的传递函数。

8.3.3 实验原理

（1）被测系统的方块图如图 8.3.1 所示。

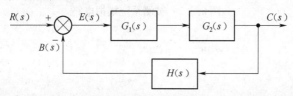

图 8.3.1 被测系统方块图

系统（或环节）的频率特性 $G(j\omega)$ 是一个复变量，可以表示成以角频率 ω 为参数的幅值和相角。

$$G(j\omega) = |G(j\omega)| \cdot \angle G(j\omega) \qquad (8.3.1)$$

本实验应用频率特性测试仪测量系统或环节的频率特性。

图 8.3.1 所示系统的开环频率特性为：

$$G_1(j\omega)\,G_2(j\omega)H(j\omega) = \frac{B(j\omega)}{E(j\omega)} = \left|\frac{B(j\omega)}{E(j\omega)}\right| \cdot \angle \frac{B(j\omega)}{E(j\omega)} \qquad (8.3.2)$$

采用对数幅频特性和相频特性表示，则式（8.3.2）可表示为：

$$20\lg|G_1(j\omega)\,G_2(j\omega)H(j\omega)| = 20\lg\left|\frac{B(j\omega)}{E(j\omega)}\right| = 20\lg|B(j\omega)| - 20\lg|E(j\omega)| \qquad (8.3.3)$$

$$\angle\left[G_1(j\omega)\,G_2(j\omega)H(j\omega)\right] = \angle\frac{B(j\omega)}{E(j\omega)} = \angle B(j\omega) - \angle E(j\omega) \qquad (8.3.4)$$

将频率特性测试仪内信号发生器产生的超低频正弦信号的频率从低到高变化，并施加于被测系统的输入端 $r(t)$，然后分别测量相应的反馈信号 $b(t)$ 和误差信号 $e(t)$ 的对数幅值和相位。频率特性测试仪测试数据经相关器件运算后在显示器中显示。

根据式（8.3.3）和式（8.3.4）分别计算出各个频率下的开环对数幅值和相位，在半对数坐标纸上作出实验曲线：开环对数幅频曲线和相频曲线。

根据实验中的开环对数幅频曲线画出开环对数幅频曲线的渐近线，再根据渐近线的斜率和转角频确定频率特性（或传递函数）。所确定的频率特性（或传递函数）的正确性可以由测量的相频曲线来检验，对最小相位系统而言，实际测量所得的相频曲线必须与由确定的频率特性（或传递函数）所画出的理论相频曲线在一定程度上相符。如果测量所得的相位在高频（相对于转角频率）时不等于 $-90°(q-p)$（式中 p 和 q 分别表示传递函数分子和分母的阶次），那么，频率特性（或传递函数）必定是一个非最小相位系统的频率特性。

（2）被测系统的模拟电路如图 8.3.2 所示。

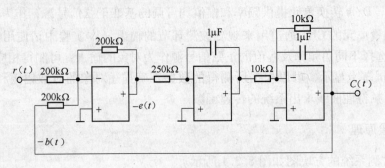

图 8.3.2 被测系统模拟电路

8.3.4 实验步骤

实验中必须注意：

（1）测点 $-c(t)$、$-e(t)$ 由于反相器的作用，输出均为负值，若要测其正的输出点，可分别在 $-c(t)$、$-e(t)$ 之后串接一组 1∶1 的比例环节，比例环节的输出即为 $c(t)$、$e(t)$ 的正输出。

（2）系统输入正弦信号的幅值不能太大，否则反馈幅值更大，不易读出，同理，太小也不易读出。

（3）由于传递函数是经拉氏变换推导出的，而拉氏变换是一种线性积分运算，因此它适用于线性定常系统，所以必须用示波器观察系统各环节波形，避免系统进入非线性状态。

具体实验步骤如下：

（1）将 U_{15} D/A 转换单元的 OUT 端接到对象的输入端。

（2）将测量单元的 CH1（必须拨为×1 档）接至对象的输出端。

（3）将 U_1 信号发生器单元的 ST 和 S 端断开，用 1 号实验导线将 ST 端接至 CPU 单元中的 PB10（在每次测量前，应对对象进行一次回零操作，ST 即为对象锁零控制端，本实验中，用 8255 的 PB10 口对 ST 进行程序控制）

（4）在 PC 机上输入相应的角频率，并输入合适的幅值，按 ENTER 键后，输入的角频率开始闪烁，直至测量完毕时停止，屏幕即显示所测对象的输出及信号源，移动游标，可得到相应的幅值和相位。

（5）如需重新测试，则按"New"键，系统会清除当前的测试结果，并等待输入新的角频率，准备开始进行下次测试。

（6）根据测量于不同频率和幅值的信号源作用下系统误差 $e(t)$ 及反馈 $c(t)$ 的幅值、相对于信号源的相角差，可自行计算并画出闭环系统的开环幅频和相频曲线。

8.3.5 实验数据处理及被测系统的开环对数幅频曲线和相频曲线

将实验所得数据填入表 8.3.1 中。

表 8.3.1　实验数据 $(\omega = 2\pi f)$

输入 $U_i(t)$ 的角频率 ω /rad·s^{-1}	误差信号 $e(t)$			反馈信号 $b(t)$			开环特性	
	幅值/V	对数幅值 20lg| $E(j\omega)$ |	相位 $\phi/(°)$	幅值/V	对数幅值 20lg| $B(j\omega)$ |	相位 $\phi/(°)$	对数幅值 L	相位 $\phi/(°)$
0.1								
1								
10								
100								
300								

根据表 8.3.1 的实验测量得的数据，画出开环对数幅频线和相频曲线，根据曲线，求出系统的传函 $G(s) = \dfrac{K}{s(Ts+1)}$。

8.4　频率特性法辅助设计

8.4.1　实验目的

（1）掌握控制系统伯德图和奈奎斯特图的绘制。
（2）能对典型系统伯德图和奈奎斯特图进行分析。
（3）利用系统伯德图和奈奎斯特图对控制系统性能进行分析。

8.4.2　实验材料

MATLAB 仿真软件与电脑。

8.4.3　注意事项

注意传递函数的奈奎斯特曲线图和伯德图的 MATLAB 绘制语句。

8.4.4　实验内容与步骤

（1）绘制控制系统 1 $G = 1/[s(s+1)]$ 的奈奎斯特图（如图 8.4.1 所示）和伯德图（如图 8.4.2 所示）。
程序如下：
```
k=1;z=[];p=[0,-1];G=zpk(z,p,k);
figure(1);nyquist(G);figure(2); bode(G)
```
（2）绘制控制系统 2 $G(s) = 2s^2/[(0.04s+1)(0.4s+1)]$ 的伯德图（如图 8.4.3 所示）。
程序如下：
```
num=[2,0,0];den=conv([0.04,1],[0.4,1]);G=tf(num,den);bode(G)
```

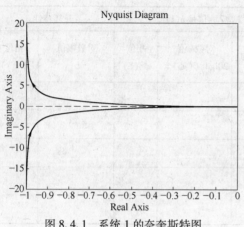

图 8.4.1　系统 1 的奈奎斯特图

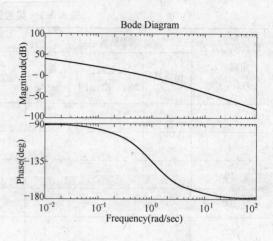

图 8.4.2　系统 1 的伯德图

（3）系统 3 开环传递函数为 $\dfrac{500(0.0167s+1)}{s(0.05s+1)(0.0025s+1)(0.001s+1)}$，绘制系统伯德图（如图 8.4.4 所示），并求出系统的相角稳定裕量和幅值稳定裕量。

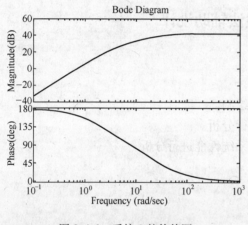

图 8.4.3　系统 2 的伯德图

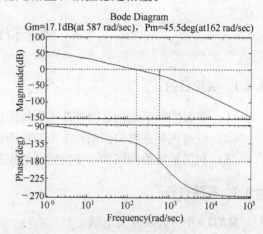

图 8.4.4　系统 3 的伯德图

程序如下：

```
num=500*[0.0167,1];den1=conv([1,0],[0.05,1]);
den2=conv([0.0025,1],[0.001,1]);den=conv(den1,den2);
G0=tf(num,den);w=logspace(0,4,50);
bode(G0,w);margin(G0);[Gm,Pm,Wcp]=margin(G0)
```

运行结果为：

Gm =

　　7.1968

Pm =

　　45.5298

Wcp =

　　586.6697

由程序运行结果和图 8.4.4 可知，幅值穿越频率 $\omega = 161.7 \mathrm{rad/s}$，相角稳定裕量 $r = 45.53$；相角穿越频率 $\omega = 586.7$，幅值稳定裕量 $k = 7.2$，即 17.1dB。

（4）已知控制系统 4 开环传递函数为：$G_0(s) = \dfrac{K}{(s+1)(0.5s+1)(0.2s+1)}$，试用奈奎斯特稳定判据判定开环放大系数 K 为 10 和 50 时闭环系统的稳定性。图 8.4.5 和图 8.4.6 分别为该系统 $K = 10$ 和 $K = 50$ 时的奈奎斯特曲线。

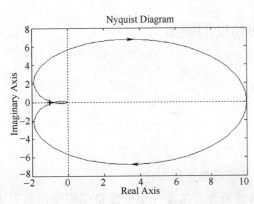

图 8.4.5 系统 4 当 $K = 10$ 的奈奎斯特曲线图　　图 8.4.6 系统 4 当 $K = 50$ 的奈奎斯特曲线图

1）当 $K = 10$ 时，程序为：

```
G0=tf(10,conv([1,1],conv([0.5,1],[0.2,1])));
nyquist(G0);set(findobj('marker','+'),'markersize',10);
set(findobj('marker','+'),'linewidth',1.5)
```

2）当 $K = 50$ 时，程序为：

```
G0=tf(50,conv([1,1],conv([0.5,1],[0.2,1])));
nyquist(G0);set(findobj('marker','+'),'markersize',10);
set(findobj('marker','+'),'linewidth',1.5)
```

由上面两个开环系统奈奎斯特图可知，当 $K = 10$ 时，极坐标图不包围 $(-1, j_0)$ 点，因此闭环系统是稳定的；当 $K = 50$ 时，极坐标图顺时针包围 $(-1, j_0)$ 点两圈，表明闭环系统是不稳定的，有两个右半 s 平面的极点。

8.4.5 问题思考

如何根据奈奎斯特判据和伯德图判据判断系统的稳定性？

8.4.6 实验作业

（1）画出各系统奈奎斯特图和伯德图。

（2）利用系统伯德图和奈奎斯特图对控制系统性能进行分析。

9 机械制造技术基础

9.1 刀具几何角度的测量

9.1.1 实验名称

刀具几何角度的测量

9.1.2 实验目的

(1) 通过实验加深对车刀几何角度、参考平面等概念的理解。

(2) 掌握测量车刀标注角度的方法,正确测量车刀角度并根据测量结果绘出车刀工作图。

9.1.3 实验设备

车刀和车刀量角台。如图 9.1.1 所示为回转工作台式量角台。圆盘底座底盘 1 周边左右各有 100°刻度,用于测量车刀的主偏角和副偏角,活动底座 3 可绕底座中心在零刻线左右 100°范围内转动;通过底座指针 2 读出角度值;定位块 4 可在活动底座上平行滑动,作为车刀的基准;大指针 5 由前面、底面、侧面三个成正交的平面组成,在测量过程中,根据不同的情况可分别用以代表主剖面、基面、切削平面等。大扇形板 6 上有 ±45°的刻度,用于测量前角、后角、刃倾角,通过大指针 5 的指针指出角度值;立柱 7 上制有螺纹,旋转升降螺母 8 就可以调整测量片相对车刀的位置。

参考系:

(1) 切削平面:通过主切削刃上某一点并与工件加工表面相切的平面。

(2) 基面:通过主切削刃上某一点并与该点切削速度方向相垂直的平面。

(3) 正交平面:通过主切削刃上某一点并与主切削刃在基面上投影垂直的平面。

标注角度:

(1) 在正交平面参考系内标注的角度:前角 γ_0,即前刀面与基面之间的夹角;后角 α_0,即主后刀面与切削平面之间的夹角。

(2) 在基面参考系内标注的角度:主偏角 k_r,

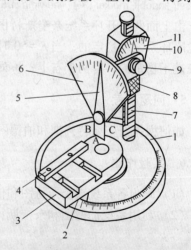

图 9.1.1 量角台的结构

1—底座底盘;2—底座指针;3—活动底座;
4—定位块;5—大指针;6—大扇形板;7—立柱;
8—螺母;9—锁紧螺母;10—小指针;11—小扇形板

即主切削刃在基面上的投影与进给方向的夹角；副偏角 k'_r，即副切削刃在基面上的投影与进给反方向的夹角。

（3）在切削平面参考系内标注的角度：刃倾角 λ_s，即主切削刃与基面之间的夹角。

9.1.4 实验内容与步骤

（1）确定进给方向（向左），判断主切削刃、副切削刃、前、后刀面及副后刀面。

（2）把车刀放在活动底座上，并将其侧面紧靠在定位块上，活动底座左侧的底座指针刻线对准底座的零度（即车刀与大指针垂直）。

（3）顺时针转动活动底座，使被测刀具的主切削刃与大指针的前面相切（此时大指针置"0"），在圆盘底座上读出主偏角 k_r 的值；然后调节大指针的高度使被测刀具主切削刃与大指针的底面重合，在大扇形板上读出刀具刃倾角 λ_s 的值。

（4）活动底座向相反方向旋转 $90°$，此时过主刀刃指定点，大指针与被测刀具主切削刃在基面投影垂直。那么利用大指针的底面、侧面分别与车刀的前刀面、后刀面相切即可从大扇形板上读出主切削刃的前角 γ_0 和后角 α_0 的值。

（5）转动活动底座使副切削刃与大指针的前面接触，在圆盘底座上读出副偏角 k'_r 的值。

（6）将实验设备放在原处，记录数据经指导教师检查之后方可离开。

9.1.5 实验报告的要求

（1）写明实验名称、实验目的和实验条件。

（2）将数据记录填写在表 9.1.1 中。

表 9.1.1 实验数据记录

测量角	γ_0	α_0	γ'_0	α'_0	k_r	k'_r	λ_s
测量值							

（3）根据所测数据绘出车刀工作图。

9.2 典型夹具定位误差分析及夹具结构分析

9.2.1 实验目的

（1）掌握夹具的组成、结构及各部分的作用。
（2）理解夹具各部分连接方法，了解夹具的装配过程。
（3）掌握夹具与机床连接、定位方法，进行定位误差分析。

9.2.2 实验设备

典型夹具，拆装、调整工具各 1 套。

9.2.3 实验内容与步骤

机床夹具是金属切削加工中，用于准确地确定工件位置并将其牢固地夹紧，以接受加工的工艺设备。主要作用是可靠地保证工件的加工质量，提高加工效率、减轻劳动强度，充分发挥和扩大机床的工艺性能。

9.2.3.1　拆装夹具

（1）熟悉各种夹具的总体结构，找出夹具中的定位元件、夹紧元件、对刀元件、夹具体及导向元件；熟悉各元件之间的连接及定位关系。

（2）使用工具，按顺序把夹具各连接元件拆开，注意各元件之间的连接状况，并把拆掉的各元件摆放整齐。

（3）利用工具，按正确的顺序在把各元件装配好，了解装配方法，并调整好各工件表面之间的位置。

（4）把夹具装到铣床的工作台上，注意夹具在机床上的定位，调整好夹具相对机床的位置，然后将夹具夹紧。

（5）将工件安装到夹具中，注意工件在夹具中的定位、夹紧。

9.2.3.2　典型机床夹具定位误差的分析与计算

机械加工过程中，产生误差的因素很多，夹具定位误差是因素之一。加工表面的位置误差与夹具在机床上的对定及工件在夹具中的定位密切相关。为满足工序的加工要求，必须使工序中的各项加工误差的总和等于或小于该工序规定的工序公差。即

$$\Delta_j + \Delta_\omega \leqslant \delta_g \tag{9.2.1}$$

式中 Δ_j——与机床夹具有关的加工误差；

        Δ_ω——与工序中除夹具外其他因素有关的误差；

        δ_g——工序公差。

由式（9.2.1）可知，使用夹具加工工件时，在保证工序加工要求的情况下，应尽量减小与夹具有关的加工误差，留给加工过程中其他误差因素的比例大一些，以便控制加工误差。

与机床夹具有关的加工误差 Δ_j 包括夹具相对机床成型运动的位置误差 $\Delta_{W.Z}$、夹具相对刀具的位置误差 $\Delta_{D.A}$、工件在夹具中的定位误差 $\Delta_{D.W}$、工件在夹具中被夹紧时产生的夹紧误差 $\Delta_{j.j}$ 以及夹具磨损所造成的加工误差 $\Delta_{j.M}$。$\Delta_{D.W} \leqslant \dfrac{1}{3}\delta_g$。

由工件定位所造成的加工表面相对其工序基准的位置误差称为定位误差。在加工时，夹具相对刀具及切削成型运动的位置，经调定后不再改变。因此，可以认为加工表面的位置是固定的。在这种情况下，加工表面对工序基准的位置误差，必然是工序基准的位置变化所引起的。所以，定位误差也就是工件定位时工序基准（一批工件）沿加工要求方向上的位置的最大变动量，即工序基准位置的最大变动量在加工尺寸方向上的投影。

工件在夹具中的定位，是通过工件上的定位基准表面与夹具定位元件的工作表面接触或配合来实现的。工件上被选作定位基准的表面常有平面、圆柱面、圆锥面、成型表面（如导轨面、齿型面等）及它们的组合。

9.2.4　实验报告的要求

（1）写明实验名称、实验目的和实验条件。

（2）绘制夹具及工件简图并计算定位误差。

9.3 切削变形的测定

9.3.1 实验目的

（1）掌握测量变形系数的方法。

（2）研究前角 γ_0，切削速度 v 和进给量 f 对长度变形系数的影响。

9.3.2 实验设备及工具

车床、车刀、试件、天平、卡尺、细铜丝。

9.3.3 实验内容与步骤

剪应变和变形系数。剪应变 ε 和剪切角能比较真实地描述切削层金属的变形程度，但均不容易测定。而长度变形系数能直观地反映切削变形程度，并且方法简便。故本实验采用测量长度变形系数来度量切削层金属的变形程度。但是，由于只有当 $\gamma_0 = 0° \sim 30°$；$\varepsilon \geqslant 1.5$ 时，长度变形系数 ξ_l 才能比较真实地反映变形的程度大小。因此，用长度变形系数 ξ_l 描述切削层金属的变形，有一定的局限性。测量长度变形系数 ξ_l 的方法有：

（1）测长法。此法测量方便直观，在刨床上加工平面，切削层长度 l_c 已知，只需用米尺量出切屑长度 l_{ch}，即可求得长度变形系数 ξ_l。切削层长度 $l_c >$ 切屑长度 l_{ch}，所以长度变形系数 ξ_l 是一个大于"1"的数：

$$\xi_l = \frac{l_c}{l_{ch}}$$

（2）重量法。车削外圆，切削前后金属材料的体积分别以 $V_{前}$ 和 $V_{后}$ 表示：

$$V_{前} = a_p f l_c \qquad V_{后} = F_c l_{ch}$$

式中　F_c——切屑断面面积，mm^3。

根据切削前后金属体积不变的原理有：$V_{前} = V_{后}$。即：

$$a_p f l_c = F_c l_{ch}$$

故

$$\xi_l = \frac{l_c}{l_{ch}} = \frac{F_c}{a_p f} \tag{9.3.1}$$

设所取切屑质量为 $Q_{ch}(g)$，金属材料密度为 $d(g/mm^3)$，切屑长度为 $l_c(mm)$，

$$Q_{ch} = \frac{F_{ch} l_{ch} d}{1000} \qquad F_c = \frac{1000 Q_{ch}}{l_{ch} d} \tag{9.3.2}$$

将式（9.3.1）代入式（9.3.2）得到：

$$\xi_l = \frac{Q_{ch}}{l_{ch} a_p f d} \tag{9.3.3}$$

在式（9.3.3）中，a_p、f 为切削该段切屑时所用的背吃刀量和进给量，只有 Q_{ch}、l_{ch} 是未知的。每改变一次切屑用量或刀具角度时，只须取一段切屑，用天平称出其质量 Q_{ch}

（g）；用细铜丝量出切屑长度 $l_{ch}(\text{mm})$。然后将 Q_{ch}、l_{ch}、a_p、f、d 值代入式（9.3.3）即可求得长度变形系数 ξ_l。

1）改变切削速度 v，利用式（9.3.3）求出一系列长度变形系数 ξ_l，绘出 v-ξ_l 关系曲线。实验参数：$n=$ ___ ；$a_p=$ ___ ；$f=$ ___ ；$d=$ ___ ；$\gamma_0=$ ___ 。

2）改变进给量 f，利用式（9.3.3）求出一系列长度变形系数 ξ_l，绘出 f-ξ_l 关系曲线。实验参数：$n=$ ___ ；$a_p=$ ___ ；$f=$ ___ ；$d=$ ___ ；$\gamma_0=$ ___ 。

3）改变刀具前角 γ_0，利用式（9.3.3）求出一系列变形系数 ξ_l，绘出 γ_0-ξ_l 关系曲线。实验参数：$\gamma_0=5°$（$10°$，$15°$）；$n=$ ___ ；$a_p=$ ___ ；$f=$ ___ ；$d=$ ___ 。

9.3.4 实验报告的要求

（1）写明实验名称和实验目的。

（2）分析切削速度对变形系数的影响。

1）实验条件：

2）将数据记录在表 9.3.1 中。

表 9.3.1 实验数据记录（切削速度对变形系数的影响）

名　称	1	2	3	4	5	6	7	8	9	10	11
速度 $v/\text{m}\cdot\text{s}^{-1}$											
质量 Q_c/g											
长度 l_c/m											
变形系数 ξ_l											

3）绘出关系曲线。

（3）分析进给量对变形系数的影响。

1）实验条件：

2）将数据记录在表 9.3.2 中。

表 9.3.2 实验数据记录（进给量对变形系数的影响）

名　称	1	2	3	4	5	6	7	8	9	10	11
进给量 f/mm											
质量 Q_c/g											
长度 l_c/m											
变形系数 ξ_l											

3）绘出关系曲线。

（4）分析刀具前角对变形系数的影响。

1）实验条件：

2）将数据记录在表 9.3.3 中。

表 9.3.3 实验数据记录（刀具前角对变形系数的影响）

名　称	1	2	3	4
前角 $\gamma_0/$（°）				
质量 Q_c/g				
长度 l_c/m				
变形系数 ξ_l				

3）绘出关系曲线。

（5）根据实验结果分析切削速度、进给量、刀具前角对切削变形的影响有何差异，并说明这些差异产生的原因。

9.4　切削力的测定

9.4.1　实验目的

（1）掌握切削力的测量方法。

（2）研究切削用量对切削力的影响。

（3）求出切削力经验公式。

9.4.2　实验设备

普通车床、超精密车铣磨测力仪、动态应变仪、计算机、打印机。

9.4.3　实验内容与步骤

在切削过程中，切削力直接决定着切削热的产生，并影响刀具磨损、破损、使用寿命、加工精度和加工表面质量。在生产中，切削力又是计算切削功率，制定切削用量，监控切削状态，设计和使用机床、刀具、夹具的必要依据。因此，研究切削力的规律和计算方法将有利于分析切削机理，并对生产实际有重要的实用意义。切削力来源于两个方面，一是切削层金属、切屑与工件表面的弹性变形、塑性变形所产生的抗力；二是刀具与切屑、工件表面间的摩擦阻力。为便于测量及应用，可将合力 F 分解为 F_C 和 F_D，F_D 又可分解为 F_p 和 F_f。因此

$$F = \sqrt{F_C^2 + F_D^2} = \sqrt{F_C^2 + F_P^2 + F_f^2}$$

$$F_p = F_D \cos k_r, \quad F_f = F_D \sin k_r$$

F_C 是计算切削功率和设计机床的主要依据。在切削外圆时，F_p 不做功，但能使工件变形或造成震动，对加工精度和已加工表面质量影响较大。F_f 作用在机床进给机构上，常根据其设计机床进给机构或校核强度。

9.4.3.1　标定方法

从"数据采集"菜单中选择"标定"，在对话框左下方的编辑框中设置各分力与 A/D 卡各通道之间的对应关系；单击左上方的单选按钮选择当前标定的测力仪通道；并设置标定过程中将加载的次数以及每次加载的质量值（单位为 kg）。在对话框中设置测力仪的序号为"1"，以便以后添加测力仪。

（1）设置好后单击"开始标定"按钮，弹出标定窗口。屏幕左边较大的一个窗口用来显示当前选定通道的标定曲线；屏幕右边最上方的一个窗口用于显示当前通道的标定系数，标定系数在最后一次加载时才显示；屏幕右边有三个窗口，靠下方的两个窗口分别显示标定过程中将加载的次数以及每次加载的值，并显示当前加载状态，次数显示的是"0次加载"；窗口右下方有四个按钮："加载"、"卸载"、"结束"和"打印"。

（2）测力仪上不加载，将应变仪调平衡后，单击"加载"按钮。此时操作状态窗口显示"第一次加载"，指示接下来的将是第一次加载。标定曲线窗口中画出刻度，其横坐标为加载的力值，纵坐标为电压值。

（3）给测力仪加载，单击"加载"按钮并重复该操作直到达到预先设定的加载次数。

（4）给测力仪卸载，每卸载一次单击一次"卸载"按钮，直到完全卸载。卸载结束之后将在右边第一个窗口中显示标定系数。

（5）打印标定曲线及参数。

9.4.3.2　选项

（1）单击"选项"，将弹出对话框。

（2）设置预计采集点数。

（3）设置使用的测力仪号。

（4）设置打印倍数；数据存储方式。

（5）选择显示模式。

（6）选择采集模式（选非测力仪模式）。设置好后，单击"确定"按钮，其设置成为系统的缺省设置。

9.4.3.3　采集数据

（1）从系统主菜单选择"数据采集"，系统提示用户等待，准备工作结束后，弹出对话框。对该对话框左边五个列表进行选择，输入最长八个字符的文件名。

（2）设置好各项选择后，单击"开始采集"，开始采集数据。主窗口中显示各通道的数据波形；左下方的小窗口中显示已经采集的点数。

（3）单击"停止采集"按钮，保存数据。

（4）开始新的一次采集。

（5）数据回放（"数据波形"静态框左边显示通道指示，刻度值指示的是第二格的刻度，坐标轴线用红线标出，刻度用蓝线标出，使用按钮移动波形）；存盘或打印。

（6）求平均值（N 值可达到滤波的作用，$N=1$ 时为原始波形；$N=8$ 时已达到滤波的作用）。

（7）结束，单击"退出"。

系统对采集的数据采用二进制方式保存，格式为：D_1，…，D_n，其中 D_1 为采样频率，处理采集数据时必须先删除 D_1。

9.4.3.4　经验公式的建立

本实验采用单因素法测量数据，数据处理采用图解法。建立经验公式：

$$F_c = C_{F_c} a_p^{x_{F_c}} f^{y_{F_c}} \tag{9.4.1}$$

（1）改变背吃刀量。在双对数坐标纸上画出 F_c-a_p 线，得到表达背吃刀量的单项切削力指数公式：

$$F_c = C_{a_p} a_p^{x_{F_c}} \tag{9.4.2}$$

（2）改变进给量。实验参数：$n=$＿＿＿；$a_p=$＿＿＿；$f=$＿＿＿；$d=$＿＿＿；$\gamma_0=$＿＿＿。

在双对数坐标纸上画出 F_c-f 线，得到表达进给量的单项切削力指数公式：

$$F_c = C_f f^{y_{F_c}} \tag{9.4.3}$$

（3）数据处理。分别将式（9.4.2）、式（9.4.3）等号两边取对数得到：

$$\lg F_c = \lg C_{a_p} + x_{F_c} \lg a_p \tag{9.4.4}$$

$$\lg F_c = \lg C_f + y_{F_c} \lg f \tag{9.4.5}$$

根据式（9.4.4）、式（9.4.5）可看出 F_c-a_p 线和 F_c-f 线在双对数坐标纸上均为直线。其中，C_{a_p} 为 F_c-a_p 线在 $a_p = 1mm$ 处对数坐标上的 F_c 值；C_f 为 F_c-f 线在 $f = 1mm/r$ 处对数坐标上的 F_c 值。

指数 x_{F_c}、y_{F_c} 分别为 F_c-a_p 线和 F_c-f 线的斜率：

F_c-a_p 线的斜率：$\qquad x_{F_c} = \tan a_1 = \dfrac{a_1}{b_1} \qquad y_{F_c} = \tan a_2 = \dfrac{a_2}{b_2}$

F_c-f 线的斜率：$\qquad c_{F_{c1}} = \dfrac{c_{a_p}}{f^{y_{F_c}}} \qquad c_{F_{c2}} = \dfrac{c_f}{a_p^{x_{F_c}}}$

取平均数：$\qquad c_{F_c} = \dfrac{c_{F_{c1}} + c_{F_{c2}}}{2}$

将 x_{F_c}、y_{F_c}、c_{F_c} 代入切削力 F_c 的经验公式（9.4.1）即可得到切削力 F_c 的指数式。同法可求切削力 F_f、F_p 的经验公式。

9.4.4　实验报告的要求

（1）写明实验名称和实验目的。
（2）分析背吃刀量对切削力的影响。
1）实验条件：
2）将数据记录在表9.4.1中。

表9.4.1　实验数据记录（背吃刀量对切削力的影响）

背吃刀量 a_p	F_z		F_y		F_x	
	应变	力/N	应变	力/N	应变	力/N

3）在双对数坐标纸上绘出曲线。
4）计算并给出经验公式。
（3）分析进给量对切削力的影响。

1）实验条件：

2）将数据记录在表 9.4.2 中。

表 9.4.2　实验数据记录（进给量对切削力的影响）

进给量 f /mm·r^{-1}	F_c		F_p		F_f	
	应力	力	应力	力	应力	力

3）在双对数坐标纸上绘出曲线。

4）计算并给出经验公式。

（4）讨论背吃刀量、进给量对切削力的影响。

9.5　切削温度的测量

9.5.1　实验目的

（1）掌握用自然热电偶法测量切削温度的方法。

（2）研究切削用量对切削温度的影响。

9.5.2　实验条件

普通车床、试件、刀具、卡尺、记录装置。

9.5.3　实验内容与步骤

切削过程中，被切削金属在刀具作用下发生弹性和塑性变形而耗功及切屑与前刀面、工件与刀面间消耗的摩擦功是切削热的主要来源。大量的切削热使得切削温度升高，切削温度对刀具磨损和刀具使用寿命均有直接影响。为延长刀具的使用寿命，应有效地控制切削温度，所以研究切削区的温度变化情况是很有必要的。测量切削温度的方法很多，最简单较常用的方法为自然热电偶法。

自然热电偶法是利用工件和刀具材料化学成分的不同，分别将工件、刀具与机床绝缘后组成热电偶的两极。当工件与刀具接触区的温度升高后，形成热电偶的热端，工件的引出端和刀具的尾端保持室温形成热电偶的冷端，这样在刀具与工件的回路中（如图 9.5.1 所示）便产生了温差电动势，且热电势的大小与温度的高低有一定的关系。刀具-工件热电偶应事先进行标定，求出温度与热电势的标定曲线。根

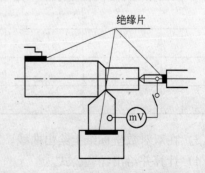

图 9.5.1　自然热电偶测量切削温度示意图

据切削过程中测到的电动势毫伏值，在标定曲线上即可查出相对应的温度值。自然热电偶法测到的温度仅是刀-屑、刀-工件摩擦面的平均温度，不能测切削区给定点的切削温度。

9.5.3.1 切削速度对切削温度的影响

切削速度对切削温度的影响最显著，当切屑沿着前刀面流出时，切屑底层与前刀面发生强烈的摩擦因而产生很多的热量，速度上升后，摩擦热来不及向切屑和刀具内部传导，大量积聚在切屑底层，使温度升高。此外，随速度增加，单位时间内的金属切除量成正比例地增多，消耗的功增大了，所以切削热也会增加。

（1）改变切削速度；记录电动势的毫伏值；将数据填入记录表；在标定曲线上查出对应温度。实验参数：$n =$ ___ ；$a_p =$ ___ ；$f =$ ___ ；$d =$ ___ ；$\gamma_0 =$ ___ 。

（2）求出切削区平均温度同切削速度的指数关系式：

$$\theta = C_{\theta v} v_C^x \qquad (9.5.1)$$

式中，θ 为切削温度；$C_{\theta v}$ 为对单因素 v_C 的切削温度公式的系数。一般 $x = 0.26 \sim 0.41$，进给量越大，x 值越小。

9.5.3.2 进给量对切削温度的影响

随着进给量的增大，单位时间的金属切除量增多，切削过程中产生的切削热也增多，使切削温度上升。由于单位切削力和单位切削功率随进给量增大而减小，切除单位体积金属产生的热量也减小，所以增加进给量时，产生的切削热不与金属切削量成正比。此外，当进给量增大后，切屑变厚，切屑的热容量增大，由切屑带去的热量也增多，故切削区的平均温度的上升不显著。

（1）改变进给量；记录电动势的毫伏值；将数据填入记录表；在标定曲线上查出对应温度。实验参数：$n =$ ___ ；$a_p =$ ___ ；$f =$ ___ ；$d =$ ___ ；$\gamma_0 =$ ___ 。

（2）求出切削区温度与进给量的指数关系式为：

$$\theta = C_{\theta f} f^{0.14} \qquad (9.5.2)$$

分别将式（9.5.1）、式（9.5.2）等号两边取对数得到：

$$\lg\theta = \lg C_{\theta v} + x \lg v_C \qquad (9.5.3)$$

$$\lg\theta = \lg C_{\theta f} + 0.14 \lg f \qquad (9.5.4)$$

根据式（9.5.3）、式（9.5.4）可以看出 θ-v 线和 θ-f 线在双对数坐标纸上均为直线。其中，$C_{\theta v}$ 为 θ-v 线在 $v = 1\text{m/min}$ 处对数坐标上 θ 的值；$C_{\theta f}$ 为 θ-f 线在 $f = 1\text{mm/r}$ 处对数坐标上的 θ 数值；x 为 θ-v 线的斜率。

$$x = \tan\alpha = \frac{a}{b} \qquad (9.5.5)$$

$$C_{\theta 1} = \frac{C_{\theta v}}{f^{0.14}} \qquad C_{\theta 2} = \frac{C_{\theta f}}{v_C^x}$$

取平均数

$$C_\theta = \frac{C_{\theta 1} + C_{\theta 2}}{2} \qquad (9.5.6)$$

（3）切削温度指数公式。将式（9.5.5）、式（9.5.6）代入式（9.5.1），即得到切削温度指数式：

$$\theta = C_\theta v_C^x f^{0.14}$$

9.5.4 标定方法

将刀具和工件试棒焊接在一起组成自然热电偶，同标准热电偶一起放入炉内，两点应尽量接近，随着炉温升高，同时记录热电偶毫伏值和标准热电偶的温度值，绘出标定曲线自然热电偶法测量切削温度示意图。

9.5.5 实验报告的要求

（1）写明实验名称和实验目的。

（2）分析速度对切削温度的影响。

1）实验条件：

2）将数据记录在表 9.5.1 中。

表 9.5.1 实验数据记录（速度对切削温度的影响）

名 称	1	2	3	4	5	6
速度 $v/\text{mm} \cdot \text{min}^{-1}$						
电压/mV						
切削温度 $\theta/℃$						

3）在双对数坐标纸上绘出曲线并计算。

（3）分析进给量对切削温度的影响

1）实验条件：

2）将数据记录在表 9.5.2 中。

表 9.5.2 实验数据记录（进给量对切削温度的影响）

名 称	1	2	3	4	5	6
进给量 $f/\text{mm} \cdot \text{r}^{-1}$						
电压/mV						
切削温度 $\theta/℃$						

3）在双对数坐标纸上绘出曲线并计算。

（4）求出经验公式。

（5）分析各因素对切削温度的影响。

9.6 加工精度统计分析

9.6.1 实验目的

（1）巩固课堂上所学到的关于概率和数理统计知识，掌握加工精度统计分析的基本原理和方法；综合分析零件尺寸的变化规律。

（2）正确使用计算机进行采样与运算，并绘制点图、实际分布曲线图及累积频率分布图等。

（3）绘制 x-R 质量控制图。

（4）确定本工序的精度系数 C_p，并分析加工稳定性。

9.6.2　实验设备

（1）无心磨床与被加工零件。

（2）加工精度统计分析仪。该分析仪由数据采集系统和数据处理与绘图系统构成。

1）数据采集。本系统由扫描棱镜、光学发射 K-θ 透镜、接收镜、信号检测、信号处理与计算机通信等组成，如图 9.6.1 所示。检测时，把被测件放在测量 V 形支架上（不得倾斜），通过八棱镜恒速旋转及 K-θ 透镜将半导体激光器发出的光转为自下而上匀速扫描的平行光，通过测量工件挡光时间，即可计算出被测件的外径值，由 RS232 通讯送至上位机。

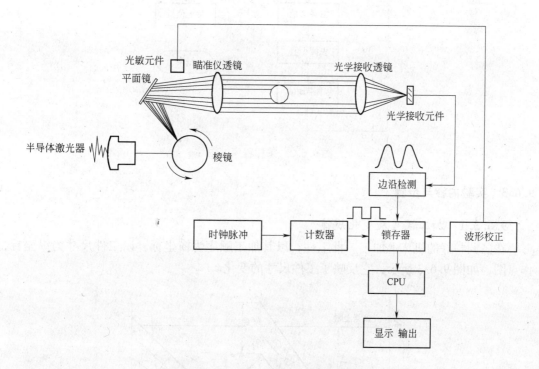

图 9.6.1　工件测量与数据采集系统

2）数据处理与绘图。数据处理的第一步，测量并采集原始数据，因此原始数据采集的方法是否合理，不仅关系到测量误差大小、数据的可靠性，而且关系到能否得出正确结论。

数据处理的内容包括：异值的舍弃、随机误差的概率分析及其特征值的计算和控制图的参数计算。绘制的图形包括：实验分布图（直方图）、点图和控制图。

对于一批零件加工尺寸进行测量时，有时会出现个别过大或过小的异常数据。这是由于测量过程中因错读、错记等偶然原因造成的，这些数据将对真实的测量结果带来很大的歪曲，所以必须舍弃。采样程序框图如图 9.6.2 所示。

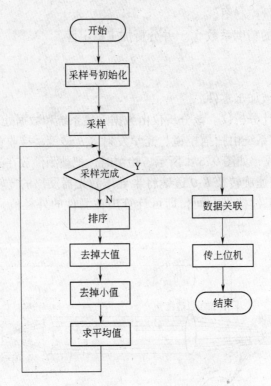

图 9.6.2   采样程序框图

9.6.3   实验内容与步骤

9.6.3.1   加工误差及变化规律

在已调整好的机床上加工一批工件，以其加工顺序为横坐标，以工件尺寸为纵坐标，作点图，如图 9.6.3 所示，它反映了工件尺寸的变化。

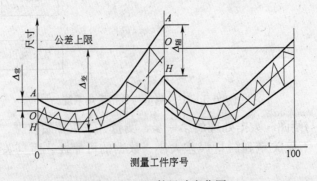

图 9.6.3   工件尺寸变化图

由各种工艺因素产生的加工误差分为系统误差和随机误差。系统误差包括因调整等因素引起的常值误差 $\Delta_常$ 和因机床热变形引起的有规律的变化趋势的变值系统误差 $\Delta_变$。随机误差 $\Delta_随$ 是由尺寸分散造成的。

研究加工精度问题时，由于系统误差和随机误差混在一起，当某一随机误差起了突出的作用时，则加工后工件的实际尺寸分布将不服从正态分布。对于一个受多种随机误差影响的工艺系统，难以用分析计算进行研究，生产实际中常用统计分析法来研究加工精度问题。

9.6.3.2　分布曲线法

（1）理论分布曲线。理论分布曲线是连续的、对称的曲线，方程式为：

$$y(x) = \frac{1}{\sigma\sqrt{2\pi}}\exp\left[\frac{(x - \bar{x})^2}{2\sigma^2}\right] \quad (-\infty < x < +\infty,\ \sigma > 0)$$

（2）实际分布曲线。实验分布曲线是根据一批零件的加工尺寸绘制的。通常一批零件数量越多越能反映它的分布密度。横坐标为工件尺寸，纵坐标为频数。

（3）正态性检验。尺寸分布是否服从正态分布，可以进行正态检验，方法有：正态概率纸法、检验法和偏态、峰态检验法等。

正态概率纸法要用正态概率纸，其横坐标为组中值，纵坐标为累积频率。实验中将结果在正态概率纸画出各点，用直尺画一条尽量靠近这些点的直线。若数据服从正态分布，则这些点应落在这条直线上。由于工件尺寸的波动，这些点相对该直线会有一些偏离，但不会过大。一般中间的点相对直线的偏离不能过大，两端的点可以大些，过大就怀疑总体分布不服从正态分布。

（4）工艺过程的精度评价。工艺过程的精度评价是对现行的工艺过程或待实施的工艺过程进行工艺验证，看它能否合理地满足工艺要求，即零件经过加工后，能否达到工序间的加工尺寸和给定的工序公差。工序的精度系数是评价精度的指标，它表明工艺过程的稳定程度和此工序的加工能力。表达式为：

$$C_p = \frac{\delta}{6\sigma}$$

式中，δ 为待加工工件的工序公差；σ 为样本的标准差，根据实验数据处理得来。

一般情况，工序的加工精度应大于1，其值越大，表明工序的加工能力越强，产品合格率越高，但成本也越高。反之，表明加工能力较弱，产品的疵品率就可能上升，需采取相应的措施改善工艺过程。

利用分布曲线可以比较方便地研究加工精度，但不能把规律性变化的系统误差从随机误差中区分出来。采用分布曲线法控制加工精度时，必须检查所有加工的零件，只有一批零件加工完毕后方能绘制出分布曲线图。

9.6.3.3　点图法

按加工顺序测量已加工零件的外径尺寸，用计算机采集数据并绘制点图（横坐标为零件序号，纵坐标为实测数据；图中标出公差值极限尺寸线，作为控制疵品参考）。本实验采用抽样法检测，横坐标为顺序加工的小子样序号；纵坐标为实测尺寸。

9.6.3.4　图法

（1）$\bar{x}$ 控制图。小子样均值 $\bar{x}$ 实质就是全部小子样均值的平均数，即

$$\bar{x} = \frac{1}{n}\sum_{i=1}^{n} x_i,\ i = 1,\ 2,\ \cdots,\ n$$

$$R = x_{\max} - x_{\min}$$

根据 $\bar{x}$，绘制控制图的中心线。为了描述小子样值的离散度，必须求出小子样均值

的标准差 $\sigma_{\bar{x}}$，算式为：

$$\sigma_{\bar{x}} = \frac{\sigma}{\sqrt{n}} \approx \hat{\sigma} / \sqrt{n}$$

$$\hat{\sigma} = \frac{\bar{R}}{d_n}$$

式中，d_n 为常数；$\bar{R}$ 为全部小子样极差 R_i 的平均值，即 $\bar{R} = \frac{1}{k} \sum_{i=1}^{k} R_i$。

样本均值 $\bar{x}$ 的分散范围为 $\mu \pm 3\sigma / \sqrt{n}$。$\bar{x}$ 图的上、下控制限分别为：

$$UCL = \bar{\bar{x}} + A_2 \bar{R}, \quad LCL = \bar{\bar{x}} - A_2 \bar{R}$$

（2）R 控制图。样本极差的分散范围为 $\bar{R} \pm 3\sigma_R$。R 图的上、下控制限分别为：

$$UCL = D_1 \bar{R}, \quad LCL = D_2 \bar{R}$$

以上式中常数在表 9.6.1 中查得。

表 9.6.1　常数表

n	d	d_n	A_2	D_1	D_2
4	0.880	2.059	0.73	2.28	0
5	0.864	2.326	0.58	2.11	0
6	0.848	2.534	0.48	2.00	0

9.6.4　实验步骤

（1）调整好无心磨床，加工一批零件（100 ~ 200 件），使外径尺寸达到 $\Phi 12_{-0.1}^{0}$。

（2）按加工顺序测量进行数据处理并制图。通过两种方案进行：

1）用激光测径仪按加工顺序对试件尺寸进行测量，用微机进行采样、数据处理（计算出 $\bar{x}$，$\hat{\sigma}$，R，C_p 及控制限等）并绘制实验分布曲线图（直方图）累积频率图和 $\bar{x}$-R 控制图（每隔 3min 取 5 件）。

2）用千分尺测量，用计算器计算。步骤如下：

①按加工顺序测量试件尺寸，并记录测量结果。

②绘制点图（每隔 3min 取 5 件），分析产生工序误差的原因。

③绘制实验分布曲线（直方图），作图步骤如下：将测量尺寸排序，找出一批试件的最大、最小尺寸；确定分组数 $j(j=10)$；计算组距；决定组界；计算 $\bar{x}$ 和 $\hat{\sigma}$；作分布曲线计算表；绘制分布曲线图，标出 $\bar{x}$ 和 $\hat{\sigma}$ 值；计算工序精度系数 C_p。

④绘制 $\bar{x}$-R 图，作图步骤如下：计算每组数据 $\bar{x}$ 和 R；计算 $\bar{\bar{x}}$ 及 $\bar{R}$；计算 $\bar{x}$ 图的控制限尺寸；计算 R 图的控制限尺寸；绘制 $\bar{x}$-R，并分析工序是否稳定。

9.6.5　实验报告的要求

（1）写明实验名称、实验目的和实验条件。

（2）记录与整理数据，填写表 9.6.2 和表 9.6.3。

表 9.6.2　样本的 $\bar{x}$ 和 R 值数据表

序　号					
$\bar{x}$					
R					

表 9.6.3　分布曲线计算表

组　号	尺寸间隔 Δx	尺寸间隔中值 x_i	实际频数 f_i	概率分布密度 y

（3）总结实验结果：1）绘制实验分布曲线图；2）用正态概率纸检验正态性；3）绘制 $\bar{x}$-R 点图；4）计算工序精度系数 C_p。

（4）分析实验结果，并讨论下面问题：

1）本工序点图说明了什么问题？

2）本工序实际分布曲线是否服从正态分布规律？

3）根据工序精度系数，本工序属于几级精度工艺能力？

4）从 $\bar{x}$-R 点图看，本工序的工艺过程是否稳定？如不稳定，试分析原因。

5）求废品率和不合格品率。能否修复？如不服从正态分布说明什么问题？

9.7　工艺系统静刚度的测定

9.7.1　实验目的

（1）了解机床刚度的测定方法之一——静载法。

（2）比较机床各部件刚度的大小，分析影响机床刚度的各个因素。

（3）巩固和验证机制工艺学中有关系统刚度的概念。通过实验加深对工艺系统刚度等概念的理解，分析工艺系统刚度对加工精度的影响。

9.7.2　实验设备

弓形加载器、标准测力环、百分表、模拟车刀、机床。

9.7.3　实验内容与步骤

用实验的方法测定机床各部位的静刚度参数值，从而找出其中比较薄弱的环节或者零部件，然后通过改进它们的外形结构和装配连接方式，来提高工艺系统中机床各环节的刚度，以便于在加工过程中减小其加工误差，使工件的加工精度得到进一步的提高。

车床的受力变形为

$$y_{车床} = y_x + y_{刀架}$$

按刚度定义

$$y_{主} = \frac{F_{主}}{k_{主}}, \quad y_{尾} = \frac{F_{尾}}{k_{尾}}, \quad y_{刀架} = \frac{F_y}{k_{刀架}}$$

$$F_{主} = F_y \frac{l-x}{l}, \quad F_{尾} = F_y \frac{x}{l}$$

式中，l 为工件两支点的距离；x 为刀具作用点到主轴前支点的距离。

9.7.3.1 加载装置及加载方法

加载装置采用弓形加载器，加载器平面可以绕前后顶尖 轴线摆动，并能固定于任一位置，加载器上各加载螺钉孔间夹角为 15°，这样就可以在一定范围内选取最切合实际的加载方向。在加载杆与模拟刀尖的压力用标定好的测力环测定，模拟刀尖应调整在车床前后顶尖的连线上。图 9.7.1 为三向加载测定车床部件刚度示意图。

根据实验，当 $\kappa_r = 45°$，$\lambda_s = 0°$，$\gamma_0 \approx 15°$ 时，

$$F_y = (0.4 \sim 0.5)F_z, \quad F_x = (0.3 \sim 0.4)F_z, \quad F = (1.12 \sim 1.18)F_z$$

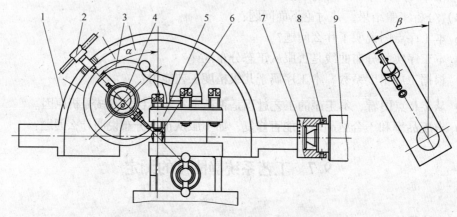

图 9.7.1   三向加载测定车床部件刚度

1—弓形加载器；2—加载螺杆；3—测力环；4—百分表；5—刀台；
6—模拟车刀；7—定位套；8—锁紧螺钉；9—尾座

9.7.3.2 实验内容

用静载法测定车床刚度，着重测量记录车床主轴端部、刀架及尾架套筒头部在受力后的位移，以便计算其各部件刚度及机床刚度。

机床测试点布置通常由于床身变形很小，故一般都将床身看成是绝对刚体，在测试所有部件位移时都以床身作为测量基准，然而床身实际上也是一个变形零件，当为了测定床身刚度对综合刚度的影响时，测量基准必须选在平板或者地面上。

本实验测量仍选床身为基准，测点选机床主轴端部、尾架套筒头部及刀架共三处。

9.7.3.3 实验步骤

（1）将弓形加载器顶尖孔擦净，并装于机床顶尖间，保证后顶尖伸出长度 $L = 30\text{mm}$ 左右，根据要求的角度进行调整和安装加力螺钉。

（2）安装模拟刀具在刀架上并使作用点与顶尖等高，并夹紧。

（3）将测力仪如表 9.7.1 所示，通过两钢珠装于加力螺钉与模拟刀具之间（在正式测量开始时测力仪上不应有预加载荷）。

表 9.7.1 测力环校准结果

测力环 0		A		B		C	
载荷 10kN	进程示值/mm	载荷 10kN	进程示值/mm	载荷 10kN	进程示值/mm	载荷 10kN	进程示值/mm
0	5.000	0	7.000	0	7.000	0	7.000
1	5.098	1	7.082	1	7.082	1	7.082
2	5.193	2	7.166	2	7.165	2	7.164
3	5.289	3	7.249	3	7.250	3	7.246
4	5.387	4	7.333	4	7.337	4	7.328
5	5.483	5	7.417	5	7.422	5	7.409
6	5.580	6	7.500	6	7.506	6	7.492
7	5.678	7	7.586	7	7.590	7	7.577
8	5.777	8	7.672	8	7.673	8	7.661
9	5.877	9	7.757	9	7.757	9	7.743
10	5.976	10	7.841	10	7.843	10	7.827

（4）在各测点位置上，分别安装相应的千分表（并调整指示值为零）。

（5）转动加载螺钉，加载从 50～600kg，然后卸载至零，每次增加 50kg，间隔时间为 2～3min。

（6）记录各次不同载荷时各测点千分表的读数（主轴箱、尾座、刀架的变形 $y_主$、$y_尾$、$y_{刀架}$）。

（7）测量机床各测试截面间的距离。

（8）卸下各仪表及工具，擦拭处理。

9.7.3.4 标准测力环使用须知

（1）仪器上零件（包括百分表）不准更换，拆卸。

（2）使用时，在最大载荷下压 3 次。

（3）应先将百分表压缩 5.2mm 后大指针对零。

（4）读数前轻敲百分表中部。

9.7.4 实验报告的要求

（1）写明实验名称、实验目的和实验条件。

（2）将实验数据填写在表 9.7.2 中。

表 9.7.2 实验数据记录

序号	主 轴			尾 架			刀 架		
	载荷	变形	刚度	载荷	变形	刚度	载荷	变形	刚度

（3）绘制各部件的刚度曲线。

9.8　切削振动及消振

9.8.1　实验目的

（1）通过实验加深对金属切削过程中振动规律的理解。
（2）了解测振方法及简单的常用测振仪器，掌握减小自激振动的途径。

9.8.2　实验设备

CA6140 车床，可改变刚度主轴方位的削扁镗刀杆两个、消振刀杆、冲击块、刀头、刀架，GZ1 型晶体管测振仪。

9.8.3　实验内容与步骤

9.8.3.1　振型耦合原理

当图 9.8.1 所示系统受到偶然干扰时，质量 m 同时在 X_1 和 X_2 两个方向以相同频率、不同振幅进行振动。在一定条件下，刀尖的运动轨迹为椭圆形状。当刀尖以 A→B→C 轨迹切入工件过程中，刀具运动方向与切削力作用方向相反，切削力对系统做负功，消耗系统能量；反之，当刀尖以 C→D→A 退出工件时，刀具运动方向与切削力方向相同，对系统做正功，向系统输入能量。同时，由于退出时的切削厚度大于切入时的切削厚度，因此在一个振动周期内，正功大于负功，不考虑系统阻尼的消耗，振动系统从外界得到的总能量 $E>0$，系统将有耦合型颤振发生，使系统产生自激振动，即为振型耦合原理。

通过对图 9.8.1 所示模型建立微分方程，可求出振动的边界条件：当 $K_1<K_2$ 时，$0<\alpha<\beta$ 为不稳定区。

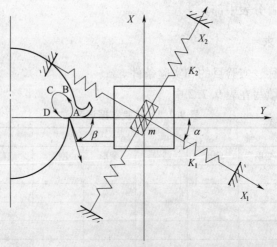

图 9.8.1　简化的二自由度振动系统的动力学模型

m—主振动系统质量；X_1，X_2—振动系统的两个刚度主轴；K_1，K_2—刚度主轴 X_1，X_2 的刚度；
α—K_i 与加工表面法线方向 Y 的夹角；β—切削力 P 与加工表面法线方向 Y 的夹角

即当振动系统的小刚度主轴位于力与 y 轴夹角范围内为不稳定区，系统易产生振型耦合型颤振。应用这个理论，只需改变主振系统小刚度主轴的方位角（α 角），使 $\alpha>\beta$，即可避免振型耦合型颤振的产生。

9.8.3.2　冲击减振原理

冲击减振是利用两物体碰撞后动能损失的原理，在振动物体上安装一个起冲击作用的自由质量，当系统振动时，自由质量将反复冲击振动体，消耗系统能量达到减振目的。图9.8.2 为典型的冲击减振器结构。

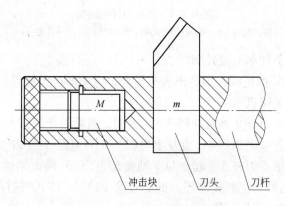

图9.8.2　典型的冲击减振器结构

在振动体内的冲击块能在间隙为 δ 的空间里往复运动，假设振动系统以 $Y=A\sin\omega t$ 的规律振动，并设在运动起始时，系统的位置在左端，且 M 与 m 接触，则 m 将随 M 一起向上运动，当运动到中间位置时，与 m 的速度都达到了最大值 $Y_{\max}=A\omega$，随后 M 的速度逐渐减慢，二者开始脱离，当 M 运动到右端位置时，其速度为"0"并开始向下进行返回运动，而 m 仍依靠其惯性继续向上运动。在这种情况下，M 必定要与 m 相碰撞，碰撞的结果消耗了系统的能量。上述过程反复进行，从而减小了系统的振动。

9.8.4　实验内容与步骤

9.8.4.1　验证振型耦合原理并求稳定切削区

切削用量：$n=50\text{r/min}$，$f=0.13\text{mm/r}$，$a_\text{p}=0.4\text{mm}$。

刀具角度：$\gamma_0=0°$，$\alpha_0=8°$，$\lambda_\text{s}=0°$，$k_\text{r}=60°$。

试件：45 号钢，$\phi150\text{mm}$。

实验用刀架如图9.8.3所示，由刀杆3与刀架座1组成。刀杆3用螺钉2（两个）固定在刀架座1上；松开螺钉2刀杆可相对刀架座1转动，以改变小刚度主轴方位角（α角）；松开螺钉4，刀夹7向外拉出一段后，可相对刀杆转动，向里推入时由定位销5定位（刀头6处于水平位置），刀头由螺钉8固定在刀夹上。

（1）传感器 CD1 置于刀架座上，连接测振仪 GZ1。

（2）将刀杆3（起点为0°的）的零线对准刀架座上的基准线，此时小刚度主轴与切削表面法线 y 方向夹角 $\alpha=0°$，然后螺钉2夹紧，松开螺钉4，转动刀夹7，使刀具处于水平位置，用手紧固螺钉4。

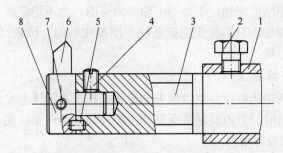

图 9.8.3　削扁刀杆的结构

1—刀座；2，4，8—螺钉；3—刀杆；5—定位销；6—刀头；7—刀夹

（3）按规定切削条件车一段外圆。

（4）注意 GZ1 表针摆范围，如超出表头量程，应立即扩大量程。

（5）停止切削，关闭机床。

（6）松开螺钉 2 将刀杆 3 顺时针转 30°后紧固，然后松开螺钉 4，将刀具反向回转 30°（使刀具保持水平），并紧固螺钉 4；重复上述（2）~（6）直至 $\alpha = 180°$ 止。

（7）松开螺钉 2 取下刀杆 3（起点与 y 轴夹角为 30°）换上结构、尺寸完全相同，起点与 y 轴夹角为 15°的另一把削扁镗杆。重复上述（1）~（7），这样就可以在 0°~180°范围内，每隔 15°角测量一次振幅值。

（8）将记录填入表格；根据记录数据，画 A-α 折线图。

9.8.4.2　冲击消振实验

切削用量：$n = 80\text{m/min}$，$f = 0.13\text{mm/r}$，$a_p = 0.3\text{mm}$。

刀具角度：$\gamma_0 = 0°$，$\alpha_0 = 8°$，$\lambda_s = 0°$，$k_r = 60°$。

刀杆：消振刀杆。

仪器连接同实验 9.8.4.1。

（1）用不放消振块的圆刀杆车一段外圆。

（2）分别将不同径向间隙的冲击块放入消振刀杆，各车一段外圆。

（3）记录数据。

9.8.5　实验报告的要求

（1）写明实验名称、实验目的和实验条件。

（2）变化刚度主轴方位。

1）将实验数据填入表 9.8.1 中。

表 9.8.1　变化刚度主轴方位实验数据记录

方位角 α/(°)									
振幅 A/μm									

2）画 A-α 折线图。

3）填写冲击消振实验数据记录表 9.8.2。

表 9.8.2　冲击消振实验数据记录

径向间隙/mm			
振幅 $A/\mu m$			

（3）实验结果分析：

1）α 角在什么范围时，振幅最小？为什么？

2）实验中有时会出现这种情况，开始切削时，GZ1 表针摆动较小（或较大），后来逐渐增大（或减小），最后稳定在某一值，这是什么原因？

9.9　机床夹具拆装与调整实验

9.9.1　实验目的

（1）掌握夹具的组成、结构及各部分的作用。

（2）理解夹具各部分连接方法，了解夹具的装配过程。

（3）掌握夹具与机床连接、定位的方法，了解加工前的对刀方法。

9.9.2　实验设备

铣床 1 台，铣床夹具 1 套，拆装、调整工具各 1 套。

9.9.3　实验内容与步骤

（1）熟悉整个夹具的总体结构，找出夹具中的定位元件、夹紧元件、对刀元件、夹具体及导向元件；熟悉各元件之间的连接及定位关系。

（2）使用工具，按顺序把夹具各连接元件拆开，注意各元件之间的连接状况，并把拆掉的各元件摆放整齐。

（3）利用工具，按正确的顺序再把各元件装配好，了解装配方法，并调整好各工件表面之间的位置。

（4）把夹具装到铣床的工作台上，注意夹具在机床上的定位，调整好夹具相对机床的位置，然后将夹具夹紧。

（5）将工件安装到夹具中，注意工件在夹具中的定位、夹紧。

（6）利用对刀塞尺，调整好刀具的位置，注意对刀时塞尺的使用。

9.9.4　实验报告的要求

写明实验名称、实验目的、实验条件和实验结果。

9.10　加工中心认识实验

9.10.1　实验目的

通过本次实验了解和掌握加工中心的加工操作方法和操作过程。了解铣刀的安装调整、刀具半径和刀具长度补偿方法、坐标系的设定方法。

9.10.2　实验内容

（1）机床的启动和关闭顺序。了解机床的启动和关闭顺序，树立机床操作规程的概念。

（2）操作面板。了解机床操作面板中各个操作按钮的作用和使用方法。

（3）程序编辑。将试件的加工程序传入机床的数控系统，掌握程序传送方法。

（4）铣刀和零件装夹。将铣刀装入加工中心的刀库，并对各个刀具进行补偿参数设定；将零件装夹到加工中心的工作台上并找正；设定机床坐标系，调整机床实现所设的坐标系。

（5）零件加工。进行单段加工、连续加工、暂停加工和继续加工操作。

9.10.3　实验报告的要求

写明实验名称、实验目的、实验条件和实验结果。

10　机械工程测试技术基础

10.1　应变片单臂电桥性能实验

10.1.1　实验目的

了解电阻应变片的工作原理与应用并掌握应变片测量电路。

10.1.2　基本原理

电阻应变式传感器是在弹性元件上通过特定工艺粘贴电阻应变片来组成。一种利用电阻材料的应变效应将工程结构件的内部变形转换为电阻变化的传感器。此类传感器主要是通过一定的机械装置将被测量转化成弹性元件的变形，然后由电阻应变片将弹性元件的变形转换成电阻的变化，再通过测量电路将电阻的变化转换成电压或电流变化信号输出。它可用于能转化成变形的各种非电物理量的检测，如力、压力、加速度、力矩、质量等，在机械加工、计量、建筑测量等行业应用十分广泛。

10.1.2.1　应变片的电阻应变效应

具有规则外形的金属导体或半导体材料在外力作用下产生应变，而其电阻值也会产生相应地改变，这一物理现象称为"电阻应变效应"。以圆柱形导体为例，设其长为 L、半径为 r、截面积为 A、材料的电阻率为 ρ，根据电阻的定义式得：

$$R = \rho \frac{L}{A} = \rho \frac{L}{\pi r^2} \tag{10.1.1}$$

当导体因某种原因产生应变时，其长度 L、截面积 A 和电阻率 ρ 的变化为 $\mathrm{d}L$、$\mathrm{d}A$、$\mathrm{d}\rho$，相应的电阻变化为 $\mathrm{d}R$。对式（10.1.1）全微分得电阻变化率 $\mathrm{d}R/R$ 为：

$$\frac{\mathrm{d}R}{R} = \frac{\mathrm{d}L}{L} - 2\frac{\mathrm{d}r}{r} + \frac{\mathrm{d}\rho}{\rho} \tag{10.1.2}$$

式中，$\mathrm{d}L/L$ 为导体的轴向应变量 ε_L；$\mathrm{d}r/r$ 为导体的横向应变量 ε_r。

由材料力学得：

$$\varepsilon_r = -\mu \varepsilon_L \tag{10.1.3}$$

式中，μ 为材料的泊松比，大多数金属材料的泊松比为 $0.3\sim0.5$ 左右；负号表示两者的变化方向相反。将式（10.1.3）代入式（10.1.2）得：

$$\frac{\mathrm{d}R}{R} = (1 + 2\mu)\varepsilon_L + \frac{\mathrm{d}\rho}{\rho} \tag{10.1.4}$$

式（10.1.4）说明电阻应变效应主要取决于它的几何应变（几何效应）和本身特有的导电性能（压阻效应）。

10.1.2.2　应变灵敏度

应变灵敏度是指电阻应变片在单位应变作用下所产生的电阻的相对变化量。

（1）金属导体的应变灵敏度 K。主要取决于其几何效应；可取

$$\frac{dR}{R} \approx (1 + 2\mu)\varepsilon_L \tag{10.1.5}$$

其灵敏度系数为：

$$K = \frac{dR}{\varepsilon_l R} = 1 + 2\mu$$

　　金属导体在受到应变作用时将产生电阻的变化，拉伸时电阻增大，压缩时电阻减小，且与其轴向应变成正比。金属导体的电阻应变灵敏度一般在 2 左右。

　　（2）半导体的应变灵敏度。主要取决于其压阻效应；$dR/R \propto d\rho/\rho$。半导体材料之所以具有较大的电阻变化率，是因为它有远比金属导体显著得多的压阻效应。在半导体受力变形时会暂时改变晶体结构的对称性，因而改变了半导体的导电机理，使得它的电阻率发生变化，这种物理现象称之为半导体的压阻效应 。不同材质的半导体材料在不同受力条件下产生的压阻效应不同，可以是正（使电阻增大）的或负（使电阻减小）的压阻效应。也就是说，同样是拉伸变形，不同材质的半导体将得到完全相反的电阻变化效果。

　　半导体材料的电阻应变效应主要体现为压阻效应，其灵敏度系数较大，一般在 100 到 200 左右。

10.1.2.3　贴片式应变片应用

　　在贴片式工艺的传感器上普遍应用金属箔式应变片，贴片式半导体应变片（温漂、稳定性、线性度不好而且易损坏）很少应用。一般半导体应变采用 N 型单晶硅为传感器的弹性元件，在它上面直接蒸镀扩散出半导体电阻应变薄膜（扩散出敏感栅），制成扩散型压阻式（压阻效应）传感器。

　　本实验以金属箔式应变片为研究对象。

10.1.2.4　箔式应变片的基本结构

　　金属箔式应变片是在用苯酚、环氧树脂等绝缘材料的基板上，粘贴直径为 0.025mm 左右的金属丝或金属箔制成，如图 10.1.1 所示。

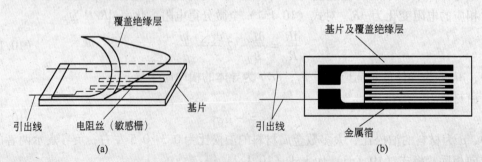

图 10.1.1　应变片结构图

（a）丝式应变片；（b）箔式应变片

　　金属箔式应变片就是通过光刻、腐蚀等工艺制成的应变敏感元件，与丝式应变片工作原理相同。电阻丝在外力作用下发生机械变形时，其电阻值发生变化，这就是电阻应变效

应，描述电阻应变效应的关系式为：

$$\Delta R/R = K\varepsilon$$

式中，$\Delta R/R$ 为电阻丝电阻相对变化，K 为应变灵敏系数，$\varepsilon = \Delta L/L$ 为电阻丝长度相对变化。

10.1.2.5 测量电路

为了将电阻应变式传感器的电阻变化转换成电压或电流信号，在应用中一般采用电桥电路作为其测量电路。电桥电路具有结构简单、灵敏度高、测量范围宽、线性度好且易实现温度补偿等优点。能较好地满足各种应变测量要求，因此在应变测量中得到了广泛的应用。

电桥电路按其工作方式分有单臂、双臂和全桥三种，单臂工作输出信号最小、线性、稳定性较差；双臂输出是单臂的两倍，性能比单臂有所改善；全桥工作时的输出是单臂时的四倍，性能最好。因此，为了得到较大的输出电压信号一般都采用双臂或全桥工作。基本电路如图 10.1.2 所示。

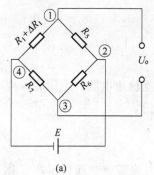 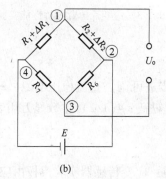 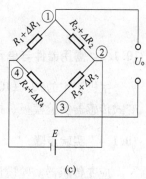

图 10.1.2 应变片测量电路

(a) 单臂；(b) 半桥；(c) 全桥

(1) 单臂：

$$U_o = U_① - U_③$$
$$= [(R_1+\Delta R_1)/(R_1+\Delta R_1+R_5) - R_7/(R_7+R_6)]E$$
$$= \{[(R_7+R_6)(R_1+\Delta R_1) - R_7(R_5+R_1+\Delta R_1)]/[(R_5+R_1+\Delta R_1)(R_7+R_6)]\}E$$

设 $R_1=R_5=R_6=R_7$，且 $\Delta R_1/R_1 = \Delta R/R \ll 1$，$\Delta R/R = K\varepsilon$，$K$ 为灵敏度系数。

则
$$U_o \approx \frac{1}{4}(\Delta R_1/R_1)E = \frac{1}{4}(\Delta R/R)E = \frac{1}{4}K\varepsilon E$$

(2) 双臂（半桥）：

原理同单臂，则
$$U_o \approx \frac{1}{2}(\Delta R/R)E = \frac{1}{2}K\varepsilon E$$

(3) 全桥：

原理同单臂，则
$$U_o \approx (\Delta R/R)E = K\varepsilon E$$

10.1.2.6 箔式应变片单臂电桥实验原理

应变片单臂电桥性能实验原理如图 10.1.3 所示，图中 R_5、R_6、R_7 为 350Ω 固定电阻，R_1 为应变片；R_{W1} 和 R_8 组成电桥调平衡网络，E 为供桥电源 $\pm 4V$，V_o 为差动放大器输出。

桥路输出电压为：

$$U_o \approx \frac{1}{4}(\Delta R_4/R_4)E = \frac{1}{4}(\Delta R/R)E = (1/4)K\varepsilon E$$

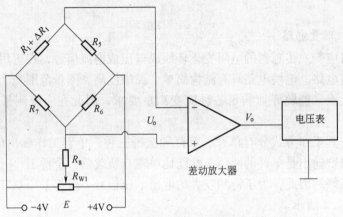

图 10.1.3   应变片单臂电桥性能实验原理图

10.1.3   需用器件与单元

主机箱中的±2~±10V（步进可调）直流稳压电源、±15V 直流稳压电源、电压表；应变式传感器实验模板、托盘、砝码；4(1/2) 位数显万用表（自备）。

10.1.4   实验步骤

应变传感器实验模板说明：应变传感器实验模板由应变式双孔悬臂梁载荷传感器（称重传感器）、加热器+5V 电源输入口、多芯插头、应变片测量电路、差动放大器组成。实验模板中的 R_1（传感器的左下）、R_2（传感器的右下）、R_3（传感器的右上）、R_4（传感器的左上）为称重传感器上的应变片输出口；没有文字标记的 5 个电阻符号是空的无实体，其中 4 个电阻符号组成电桥模型是为电路初学者组成电桥接线方便而设；R_5、R_6、R_7 是 350Ω 固定电阻，是为应变片组成单臂电桥、双臂电桥（半桥）而设的其他桥臂电阻。加热器+5V 是传感器上的加热器的电源输入口，做应变片温度影响实验时用。多芯插头是振动源的振动梁上的应变片输入口，做应变片测量振动实验时用。

（1）将托盘安装到传感器上，如图 10.1.4 所示。

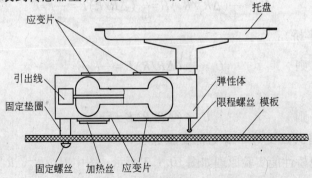

图 10.1.4   传感器托盘安装示意图

（2）测量应变片的阻值。测量应变片的阻值示意图如图 10.1.5 所示。当传感器的托盘上无重物时，分别测量应变片 R_1、R_2、R_3、R_4 的阻值。在传感器的托盘上放置 10 只砝码后再分别测量 R_1、R_2、R_3、R_4 的阻值变化，分析应变片的受力情况（受拉的应变片，阻值变大；受压的应变片，阻值变小）。

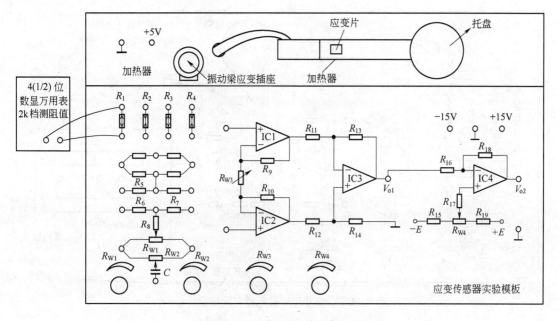

图 10.1.5 测量应变片的阻值示意图

（3）实验模板中的差动放大器调零。按图 10.1.6 示意接线，将主机箱上的电压表量程切换开关切换到 2V 档，检查接线无误后合上主机箱电源开关；调节放大器的增益电位器 R_{W3} 合适位置（先顺时针轻轻转到底，再逆时针回转 1 圈）后，再调节实验模板放大器的调零电位器 R_{W4}，使电压表显示为零。

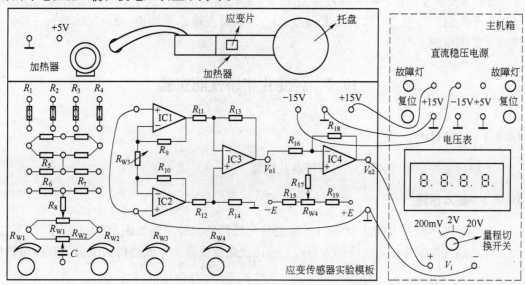

图 10.1.6 差动放大器调零接线示意图

（4）应变片单臂电桥实验。关闭主机箱电源，按图 10.1.7 示意图接线，将 ±2 ~ ±10V 可调电源调节到 ±4V 档。检查接线无误后合上主机箱电源开关，调节实验模板上的桥路平衡电位器 R_{W1}，使主机箱电压表显示为零；在传感器的托盘上依次增加放置一只 20g 砝码（尽量靠近托盘的中心点放置），读取相应的数显表电压值，记下实验数据填入表 10.1.1。

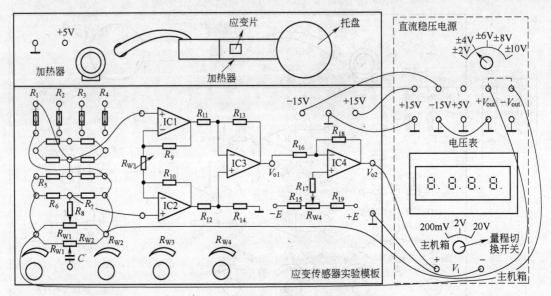

图 10.1.7　应变片单臂电桥实验接线示意图

表 10.1.1　应变片单臂电桥性能实验数据

质量/g	0						
电压/mV	0						

（5）根据表 10.1.1 数据作出曲线并计算系统灵敏度 $S = \Delta V / \Delta W$（ΔV 为输出电压变化量，ΔW 为质量变化量）和非线性误差 δ，$\delta = \Delta m / \gamma_{FS} \times 100\%$，式中 Δm 为输出值（多次测量时为平均值）与拟合直线的最大偏差，γ_{FS} 为满量程输出平均值，此处为 200g。实验完毕后，关闭电源。

10.2　应变片半桥性能实验

10.2.1　实验目的

了解应变片半桥（双臂）工作特点及性能。

10.2.2　基本原理

应变片基本原理参阅实验 10.1。应变片半桥特性实验原理如图 10.2.1 所示。不同应力方向的两片应变片接入电桥作为邻边，输出灵敏度提高，非线性得到改善。其桥路输出电压 $U_o \approx \dfrac{1}{2}(\Delta R / R)E = \dfrac{1}{2}K\varepsilon E$。

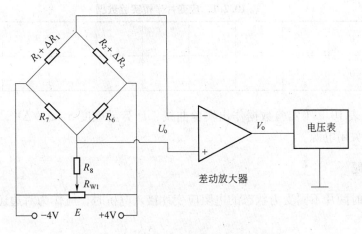

图 10.2.1 应变片半桥特性实验原理图

10.2.3 需用器件与单元

主机箱中的±2～±10V（步进可调）直流稳压电源、±15V 直流稳压电源、电压表；应变式传感器实验模板、托盘、砝码。

10.2.4 实验步骤

（1）按实验 10.1（单臂电桥性能实验）中的步骤（1）和步骤（3）实验。

（2）关闭主机箱电源，除将图 10.1.7 改成图 10.2.2 示意图接线外，其他按实验 10.1 中的步骤（4）实验。读取相应的数显表电压值，填入表 10.2.1 中。

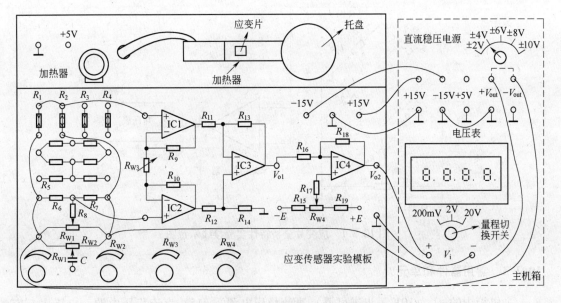

图 10.2.2 应变片半桥实验接线示意图

表 10.2.1 应变片半桥实验数据

质量/g	0							
电压/mV	0							

（3）根据表10.2.1实验数据作出实验曲线，计算灵敏度 $S=\Delta V/\Delta W$，非线性误差 δ。实验完毕后，关闭电源。

10.2.5 思考题

半桥测量时两片不同受力状态的电阻应变片接入电桥时，应作为对边还是邻边？

10.3 应变片全桥性能实验

10.3.1 实验目的

了解应变片全桥工作特点及性能。

10.3.2 基本原理

应变片基本原理参阅实验10.1。应变片全桥特性实验原理如图10.3.1所示。应变片全桥测量电路中，将应力方向相同的两应变片接入电桥对边，相反的应变片接入电桥邻边。当应变片初始阻值：$R_1=R_2=R_3=R_4$，其变化值 $\Delta R_1=\Delta R_2=\Delta R_3=\Delta R_4$ 时，其桥路输出电压 $U_o \approx (\Delta R/R)E=K\varepsilon E$。其输出灵敏度比半桥又提高了一倍，非线性得到改善。

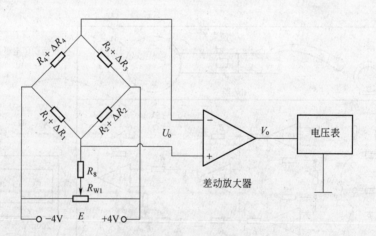

图 10.3.1 应变片全桥特性实验接线示意图

10.3.3 需用器件和单元

主机箱中的±2~±10V（步进可调）直流稳压电源、±15V 直流稳压电源、电压表；应变式传感器实验模板、托盘、砝码。

10.3.4 实验步骤

实验步骤与方法（除了按图 10.3.2 示意接线外）参照实验 10.2，将实验数据填入表 10.3.1 中，作出实验曲线并进行灵敏度和非线性误差计算。实验完毕后，关闭电源。

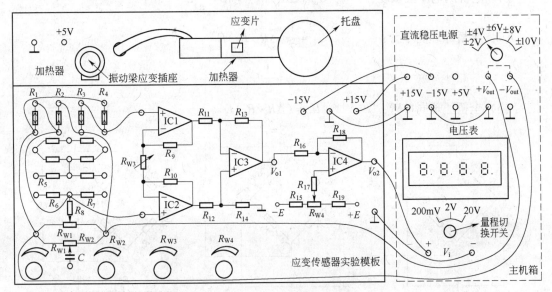

图 10.3.2　应变片全桥性能实验接线示意图

表 10.3.1　全桥性能实验数据

质量/g	0							
电压/mV	0							

10.3.5 思考题

测量中，当两组对边（R_1、R_3 为对边）电阻值 R 相同时，即 $R_1 = R_3$，$R_2 = R_4$，而 $R_1 \neq R_2$ 时，是否可以组成全桥？

10.4　应变片单臂、半桥、全桥性能比较

10.4.1 实验目的

比较单臂、半桥、全桥输出时的灵敏度和非线性度，得出相应的结论。

10.4.2 基本原理

应变电桥如图 10.4.1 所示。

（1）单臂：$U_o = U_① - U_③$

$$= [(R_1 + \Delta R_1)/(R_1 + \Delta R_1 + R_2) - R_4/(R_3 + R_4)]E$$

$$= [(1 + \Delta R_1/R_1)/(1 + \Delta R_1/R_1 + R_2/R_2) - (R_4/R_3)/(1 + R_4/R_3)]E$$

设 $R_1 = R_2 = R_3 = R_4$，且 $\Delta R_1/R_1 \ll 1$。

$$U_o \approx \frac{1}{4}(\Delta R_1/R_1)E$$

所以电桥的电压灵敏度： $S = U_o/(\Delta R_1/R_1) \approx kE = \frac{1}{4}E$

（2）半桥原理同单臂： $U_o \approx \frac{1}{2}(\Delta R_1/R_1)E$

$$S = \frac{1}{2}E$$

（3）全桥原理同单臂： $U_o \approx (\Delta R_1/R_1)E$
$$S = E$$

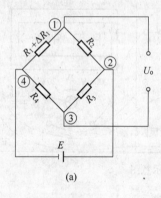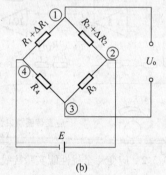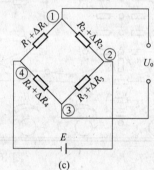

图 10.4.1 应变电桥
（a）单臂；（b）半桥；（c）全桥

10.4.3 需用器件与单元

主机箱中的 $\pm 2 \sim \pm 10$V（步进可调）直流稳压电源、± 15V 直流稳压电源、电压表；应变式传感器实验模板、托盘、砝码。

10.4.4 实验步骤

根据实验 10.1、10.2、10.3 所得的单臂、半桥和全桥输出时的灵敏度和非线性度，从理论上进行分析比较。经实验验证阐述出现此种实验结果的理由（注意：实验 10.1、10.2、10.3 中的放大器增益必须相同）。实验完毕后，关闭电源。

10.5 应变片直流全桥的应用——电子秤实验

10.5.1 实验目的

了解应变直流全桥的应用及电路的标定。

10.5.2 基本原理

常用的称重传感器就是应用了箔式应变片及其全桥测量电路。数字电子秤实验原理如

图 10.5.1 所示。本实验只做放大器输出 $V_\circ$ 实验，通过对电路的标定使电路输出的电压值为质量对应值，电压量纲（V）改为质量量纲（g）即成为一台原始电子秤。

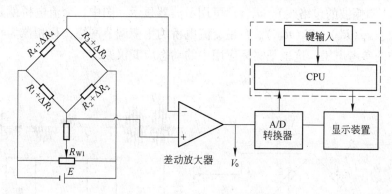

图 10.5.1　数字电子秤原理框图

10.5.3　需用器件与单元

主机箱中的±2～±10V（步进可调）直流稳压电源、±15V 直流稳压电源、电压表；应变式传感器实验模板、托盘、砝码。

10.5.4　实验步骤

（1）按实验 10.1 中的步骤（1）和（3）实验。

（2）关闭主机箱电源，按图 10.3.2（应变片全桥性能实验接线示意图）示意接线，将±2～±10V 可调电源调节到±4V 档。检查接线无误后合上主机箱电源开关，调节实验模板上的桥路平衡电位器 R_{W1}，使主机箱电压表显示为零。

（3）将 10 只砝码全部置于传感器的托盘上，调节电位器 R_{W3}（增益即满量程调节）使数显表显示为 0.200V（2V 档测量）。

（4）拿去托盘上的所有砝码，调节电位器 R_{W4}（零位调节）使数显表显示为 0.000V。

（5）重复步骤（3）、（4）的标定过程，一直到精确为止，把电压量纲 V 改为质量量纲 g，将砝码依次放在托盘上称重，放上笔、钥匙之类的小东西称一下质量。实验完毕后，关闭电源。

10.6　应变片交流全桥的应用（应变仪）——振动测量实验

10.6.1　实验目的

了解利用应变交流电桥测量振动的原理与方法。

10.6.2　基本原理

图 10.6.1 是应变片测振动的实验原理方块图。当振动源上的振动台受到 $F(t)$ 作用而振动，使粘贴在振动梁上的应变片产生应变信号 dR/R，应变信号 dR/R 由振荡器提供的载

波信号经交流电桥调制成微弱调幅波，再经差动放大器放大为 $u_1(t)$，$u_1(t)$ 经相敏检波器检波解调为 $u_2(t)$，$u_2(t)$ 经低通滤波器滤除高频载波成分后输出应变片检测到的振动信号 $u_3(t)$（调幅波的包络线），$u_3(t)$ 可用示波器显示。图中，交流电桥就是一个调制电路，$W_1(R_{W1})$、$r(R_8)$、$W_2(R_{W2})$、C 是交流电桥的平衡调节网络，移相器为相敏检波器提供同步检波的参考电压。这也是实际应用中的动态应变仪原理。

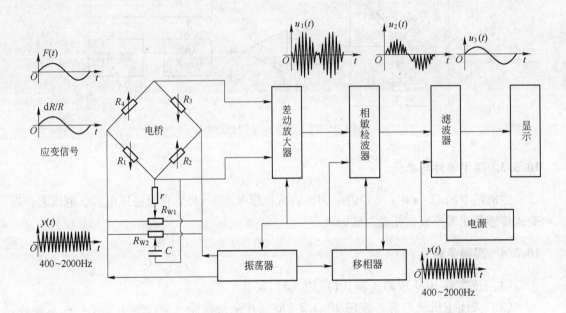

图 10.6.1   应变仪实验原理方块图

10.6.3   需用器件与单元

主机箱中的 $\pm 2 \sim \pm 10V$（步进可调）直流稳压电源、$\pm 15V$ 直流稳压电源、音频振荡器、低频振荡器；应变式传感器实验模板、移相器/相敏检波器/低通滤波器模板、振动源、双踪示波器（自备）、万用表（自备）。

10.6.4   实验步骤

（1）相敏检波器电路调试。正确选择双线（双踪）示波器的"触发"方式及其他设置（提示：触发源选择内触发 CH1、水平扫描速度 TIME/DIV 在 0.1ms ~ 10μs 范围内选择、触发方式选择 AUTO。垂直显示方式为双踪显示 DUAL、垂直输入耦合方式选择直流耦合 DC、灵敏度 VOLTS/DIV 在 1~5V 范围内选择，并将光迹线居中（当 CH1、CH2 输入对地短接时）。调节音频振荡器的幅度为最小（幅度旋钮逆时针轻轻转到底），将 $\pm 2 \sim \pm 10V$ 可调电源调节到 $\pm 2V$ 档。按图 10.6.2 示意接线，检查接线无误后合上主机箱电源开关，调节音频振荡器频率 $f = 1kHz$，峰峰值 $V_{p-p} = 5V$（用示波器测量）；调节相敏检波器的电位器钮使示波器显示幅值相等、相位相反的两个波形（相敏检波器电路已调整完毕，以后不要触碰这个电位器钮）。相敏检波器电路调试完毕，关闭电源。

（2）将主机箱上的音频振荡器、低频振荡器的幅度逆时针缓慢转到底（无输出），再

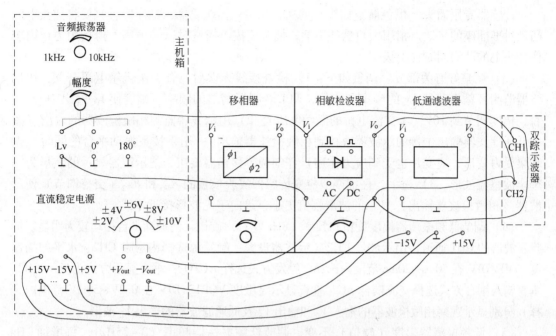

图 10.6.2　相敏检波器电路调试接线示意图

按图 10.6.3 示意接线。接好交流电桥调平衡电路及系统，应变传感器实验模板中的 R_8、R_{W1}、C、R_{W2} 为交流电桥调平衡网络，将振动源上的应变输出插座用专用连接线与应变传感器实验模板上的应变插座相连，因振动梁上的四片应变片已组成全桥，引出线为四芯线，直接接入实验模板上已与电桥模型相连的应变插座上。电桥模型两组对角线阻值均为 350Ω，可用万用表测量。

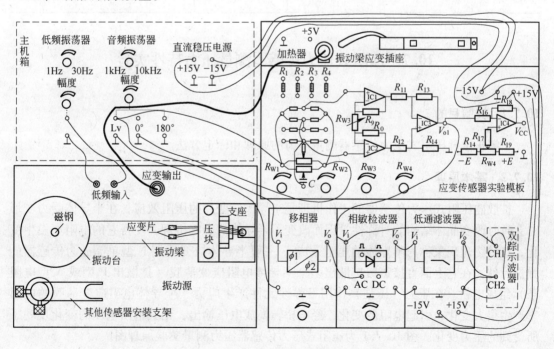

图 10.6.3　应变交流全桥振动测量实验接线示意图

    传感器专用插头（黑色航空插头）的插、拔法：插头要插入插座时，只要将插头上的凸锁对准插座的平缺口稍用力自然往下插；插头要拔出插座时，必须用大拇指用力往内按住插头上的凸锁同时往上拔。

    （3）调整好有关部分。调整如下：1）检查接线无误后，合上主机箱电源开关，用示波器监测音频振荡器 Lv 的频率和幅值，调节音频振荡器的频率、幅度使 Lv 输出 1kHz 左右，幅度调节到 $10V_{p-p}$（交流电桥的激励电压）。2）用示波器监测相敏检波器的输出（图中低通滤波器输出中接的示波器改接到相敏检波器输出），用手按下振动平台的同时（振动梁受力变形、应变片也受到应力作用）仔细调节移相器旋钮，使示波器显示的波形为一个全波整流波形。3）松手，仔细调节应变传感器实验模板的 R_{W1} 和 R_{W2}（交替调节）使示波器（相敏检波器输出）显示的波形幅值更小，趋向于无波形接近零线。

    （4）调节低频振荡器幅度旋钮和频率（8Hz 左右）旋钮，使振动平台振动较为明显。拆除示波器的 CH1 通道，用示波器 CH2（示波器设置：触发源选择内触发 CH2、水平扫描速度 TIME/DIV 在 50ms~20ms 范围内选择、触发方式选择 AUTO；垂直显示方式为显示 CH2、垂直输入耦合方式选择交流耦合 AC、垂直显示灵敏度 VOLTS/DIV 在 0.2V~50mV 范围内选择）分别显示观察相敏检波器的输入 V_i 和输出 V_o 及低通滤波器的输出 V_o 波形。

    （5）低频振荡器幅度（幅值）不变，调节低频振荡器频率（3~25Hz），每增加 2Hz 用示波器读出低通滤波器输出 V_o 的电压峰-峰值，填入表 10.6.1，画出实验曲线，从实验数据得振动梁的谐振频率为_____。实验完毕后，关闭电源。

表 10.6.1   应变交流全桥振动测量实验数据

f/Hz									
V_o(p-p)/mV									

10.7   压阻式压力传感器测量压力特性实验

10.7.1   实验目的

    了解扩散硅压阻式压力传感器测量压力的原理和标定方法。

10.7.2   基本原理

    扩散硅压阻式压力传感器的工作机理是半导体应变片的压阻效应，在半导体受力变形时会暂时改变晶体结构的对称性，因而改变了半导体的导电机理，使得它的电阻率发生变化，这种物理现象称为半导体的压阻效应。一般半导体应变采用 N 型单晶硅为传感器的弹性元件，在它上面直接蒸镀扩散出多个半导体电阻应变薄膜（扩散出 P 型或 N 型电阻条）组成电桥。在压力（压强）作用下弹性元件产生应力，半导体电阻应变薄膜的电阻率产生很大变化，引起电阻的变化，经电桥转换成电压输出，则其输出电压的变化反映了所受到的压力变化。图 10.7.1 为压阻式压力传感器压力测量实验原理图。

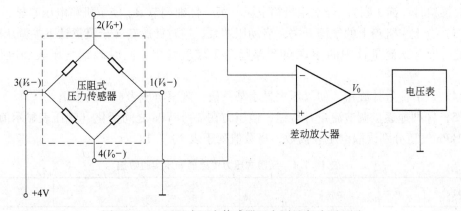

图 10.7.1 压阻式压力传感器压力测量实验原理图

10.7.3 需用器件与单元

主机箱中的气压表、气源接口、电压表、直流稳压电源±15V、直流稳压电源±2～±10V（步进可调）；压阻式压力传感器、压力传感器实验模板、引压胶管。

10.7.4 实验步骤

（1）按 10.7.2 示意图安装传感器、连接引压管和电路。将压力传感器安装在压力传感器实验模板的传感器支架上；引压胶管一端插入主机箱面板上的气源的快速接口中（注意管子拆卸时请用双指按住气源快速接口边缘往内压，则可轻松拉出），另一端口与压力传感器相连；压力传感器引线为 4 芯线（专用引线），压力传感器的 1 端接地，2 端为输出 V_o+，3 端接电源+4V，4 端为输出 V_o-。具体接线见图 10.7.2。

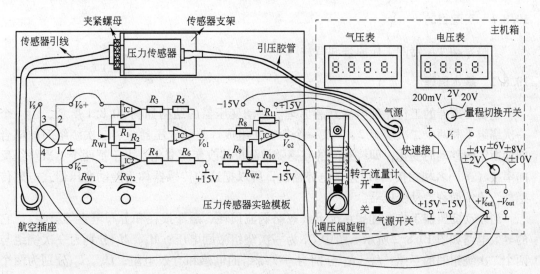

图 10.7.2 压阻式压力传感器测压实验安装、接线示意图

（2）将主机箱中电压表量程切换开关切到 2V 档；可调电源±2～±10V 调节到±4V 档。实验模板上 R_{W1} 用于调节放大器增益、R_{W2} 用于调零，将 R_{W1} 调节到 1/3 的位置（即逆时针

旋到底再顺时针旋 3 圈）。合上主机箱电源开关，仔细调节 R_{W2} 使主机箱电压表显示为零。

（3）合上主机箱上的气源开关，启动压缩泵，逆时针旋转转子流量计下端调压阀的旋钮，此时可看到流量计中的滚珠向上浮起悬于玻璃管中，同时观察气压表和电压表的变化。

（4）调节流量计旋钮，使气压表显示某一值，观察电压表显示的数值。

（5）仔细地逐步调节流量计旋钮，使压力在 2~18kPa 之间变化（气压表显示值），每上升 1kPa 气压分别读取电压表读数，将数值列于表 10.7.1。

表 10.7.1　压阻式压力传感器测压实验数据

p/kPa											
V_o(p-p)/mV											

（6）画出实验曲线，计算本系统的灵敏度和非线性误差。

（7）如果本实验装置要成为一个压力计，则必须对电路进行标定，方法采用逼近法。输入 4kPa 气压，调节 R_{W2}（低限调节），使电压表显示 0.3V（有意偏小），当输入 16kPa 气压，调节 R_{W1}（高限调节）使电压表显示 1.3V（有意偏小）；再调气压为 4kPa，调节 R_{W2}（低限调节），使电压表显示 0.35V（有意偏小），调气压为 16kPa，调节 R_{W1}（高限调节）使电压表显示 1.4V（有意偏小）；这个过程反复调节直到逼近自己的要求（4kPa 对应 0.4V，16kPa 对应 1.6V）即可。实验完毕后，关闭电源。

10.8　差动变压器的性能实验

10.8.1　实验目的

了解差动变压器的工作原理和特性。

10.8.2　基本原理

差动变压器的工作原理电磁互感原理。差动变压器的结构如图 10.8.1 所示，由一个一次绕组 1 和两个二次绕组 2、3 及一个衔铁 4 组成。差动变压器一、二次绕组间的耦合能随衔铁的移动而变化，即绕组间的互感随被测位移改变而变化。由于把两个二次绕组反向串接（·同名端相接），以差动电势输出，所以把这种传感器称为差动变压器式电感传感器，通常简称差动变压器。

当差动变压器工作在理想情况下（忽略涡流损耗、磁滞损耗和分布电容等影响），它的等效电路如图 10.8.2 所示。图中 U_1 为一次绕组激励电压；M_1、M_2 分别为一次绕组与两个二次绕组间的互感：L_1、R_1 分别为一次绕组的电感和有效电阻；L_{21}、L_{22} 分别为两个二次绕组的电感；R_{21}、R_{22} 分别为两个二次绕组的有效电阻。对于差动变压器，当衔铁处于中间位置时，两个二次绕组互感相同，因而由一次侧激励引起的感应电动势相同。由于两个二次绕组反向串接，所以差动输出电动势为零。当衔铁移向二次绕组 L_{21}，这时互感 M_1 大，M_2 小，因而二次绕组 L_{21} 内感应电动势大于二次绕组 L_{22} 内感应电动势，这时差动输出电动势不为零。在传感器的量程内，衔铁位移越大，差动输出电动势就越大。同样道理，当衔铁向二次绕组 L_{22} 一边移动差动输出电动势仍不为零，但由于移动方向改变，所以输出电动势反相。因此通过差动变压器输出电动势的大小和相位可以知道衔铁位移量的大小和方向。

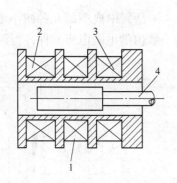

图 10.8.1　差动变压器的结构示意图
1——次绕组；2，3—二次绕组；4—衔铁

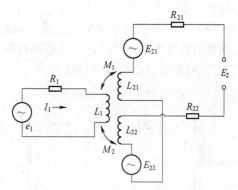

图 10.8.2　差动变压器的等效电路图

由图 10.8.2 可以看出一次绕组的电流为：

$$\dot{I}_1 = \frac{\dot{U}_1}{R_1 + j\omega L_1}$$

二次绕组的感应动势为：

$$\dot{E}_{21} = -j\omega M_1 \dot{I}_1 \qquad \dot{E}_{22} = -j\omega M_2 \dot{I}_1$$

由于二次绕组反向串接，所以输出总电动势为：

$$\dot{E}_2 = -j\omega (M_1 - M_2) \frac{\dot{U}_1}{R_1 + j\omega L_1}$$

其有效值为：

$$E_2 = \frac{\omega (M_1 - M_2) U_1}{\sqrt{R_1^2 + (\omega L_1)^2}}$$

差动变压器的输出特性曲线如图 10.8.3 所示。图中 $\dot{E}_{21}$、$\dot{E}_{22}$ 分别为两个二次绕组的输出感应电动势，$\dot{E}_2$ 为差动输出电动势，x 表示衔铁偏离中心位置的距离。其中 $\dot{E}_2$ 的实线表示理想的输出特性，而虚线部分表示实际的输出特性。$\dot{E}_0$ 为零点残余电动势，这是由于差动变压器制作上的不对称以及铁心位置等因素所造成的。零点残余电动势的存在，使得传感器的输出特性在零点附近不灵敏，给测量带来误差，此值的大小是衡量差动变压器性能好坏的重

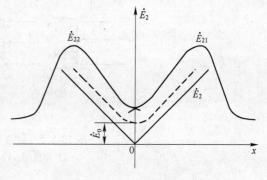

图 10.8.3　差动变压器输出特性

要指标。为了减小零点残余电动势可采取以下方法：

（1）尽可能保证传感器几何尺寸、线圈电气参数及磁路的对称。磁性材料要经过处理，消除内部的残余应力，使其性能均匀稳定。

（2）选用合适的测量电路，如采用相敏整流电路。既可判别衔铁移动方向又可改善输出特性，减小零点残余电动势。

（3）采用补偿线路减小零点残余电动势。图 10.8.4 是其中典型的几种减小零点残余电动势的补偿电路。在差动变压器的线圈中串、并适当数值的电阻电容元件，当调整 R_{W1}、R_{W2} 时，可使零点残余电动势减小。

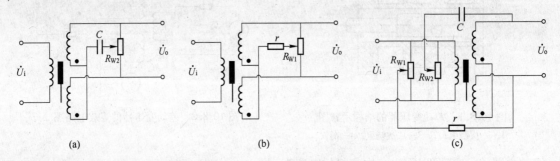

图 10.8.4 减小零点残余电动势电路

10.8.3 需用器件与单元

主机箱中的 ±15V 直流稳压电源、音频振荡器；差动变压器、差动变压器实验模板、测微头、双踪示波器。

10.8.4 实验步骤

首先测微头的组成与使用，介绍测微头组成和读数如图 10.8.5 所示。

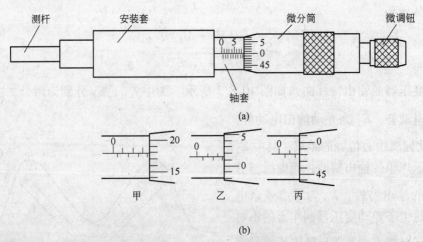

图 10.8.5 测微头组成与读数
（a）组成图；（b）读数示例

测微头组成：测微头由不可动部分（安装套、轴套）和可动部分（测杆、微分筒、微调钮）组成。测微头的安装套便于在支架座上固定安装，轴套上的主尺有两排刻度线，标有数字的是整毫米刻线（1mm/格），另一排是半毫米刻线（0.5mm/格）；微分筒前部圆周表面上刻有50等分的刻线（0.01mm/格）。用手旋转微分筒或微调钮时，测杆就沿轴线方向进退。微分筒每转过1格，测杆沿轴方向移动微小位移0.01mm，这也叫测微头的分度值。

测微头的读数：测微头的读数方法是先读轴套主尺上露出的刻度数值，注意半毫米刻线；再读与主尺横线对准微分筒上的数值，可以估读1/10分度，如图10.8.5（b）中甲读数为3.678mm，不是3.178mm；遇到微分筒边缘前端与主尺上某条刻线重合时，应看微分筒的示值是否过零，如图10.8.5（b）中乙已过零则读2.514mm；如图10.8.5（b）中丙未过零，则不应读为2mm，读数应为1.980mm。

测微头使用：测微头在实验中是用来产生位移并指示出位移量的工具。一般测微头在使用前，首先转动微分筒到10mm处（为了保留测杆轴向前、后位移的余量），再将测微头轴套上的主尺横线面向自己安装到专用支架座上，移动测微头的安装套（测微头整体移动），使测杆与被测体连接并使被测体处于合适位置（视具体实验而定），再拧紧支架座上的紧固螺钉。当转动测微头的微分筒时，被测体就会随测杆而位移。

实验步骤如下：

（1）差动变压器、测微头及实验模板按图10.8.6示意安装、接线。实验模板中的L_1为差动变压器的初级线圈，L_2、L_3为次级线圈，＊号为同名端；L_1的激励电压必须从主机箱中音频振荡器的Lv端子引入。检查接线无误后合上主机箱电源开关，调节音频振荡器的频率为4～5kHz、幅度为峰峰值$V_{p-p}=2V$作为差动变压器初级线圈的激励电压（示波器设置提示：触发源选择内触发CH1，水平扫描速度TIME/DIV在0.1ms～10μs范围内选择，触发方式选择AUTO，垂直显示方式为双踪显示DUAL，垂直输入耦合方式选择交流耦合AC，CH1灵敏度VOLTS/DIV在0.5～1V范围内选择，CH2灵敏度VOLTS/DIV在0.1V～50mV范围内选择）。

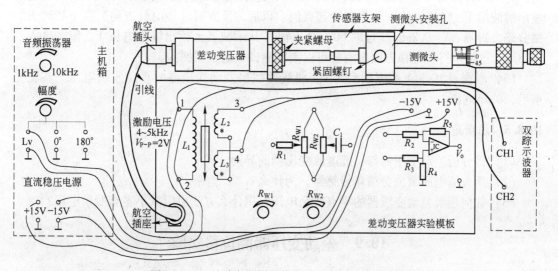

图10.8.6　差动变压器性能实验安装、接线示意图

（2）差动变压器的性能实验。使用测微头时，当来回调节微分筒使测杆产生位移的过程中本身存在机械回程差，为消除这种机械回差可用如下1）、2）两种方法实验，建议用

2）方法，该方法可以检测到差动变压器零点残余电压附近的死区范围。

1）调节测微头的微分筒（0.01mm/小格），使微分筒的0刻度线对准轴套的10mm刻度线。松开安装测微头的紧固螺钉，移动测微头的安装套使示波器第二通道显示的波形 V_{p-p}（峰峰值）为较小值（越小越好，变压器铁芯大约处在中间位置）时，拧紧紧固螺钉。仔细调节测微头的微分筒使示波器第二通道显示的波形 V_{p-p} 为最小值（零点残余电压），并定为位移的相对零点。这时可假设其中一个方向为正位移，另一个方向位移为负，从 V_{p-p} 最小开始旋动测微头的微分筒，每隔 $\Delta X = 0.2$mm（可取30点值）从示波器上读出输出电压 V_{p-p} 值，填入表10.8.1，再将测微头位移退回到 V_{p-p} 最小处，开始反方向（也取30点值）做相同的位移实验。在实验过程中请注意：①从 V_{p-p} 最小处决定位移方向后，测微头只能按所定方向调节位移，中途不允许回调，否则，由于测微头存在机械回差而引起位移误差；所以，实验时每点位移量须仔细调节，绝对不能调节过量，如过量则只好剔除这一点粗大误差继续做下一点实验或者回到零点重新做实验。②当一个方向行程实验结束，做另一方向时，测微头回到 V_{p-p} 最小处时它的位移读数有变化（没有回到原来起始位置）是正常的，做实验时位移取相对变化量 ΔX 为定值，与测微头的起始点定在哪一根刻度线上没有关系，只要中途测微头微分筒不回调就不会引起机械回程误差。

表10.8.1　差动变压器性能实验数据

ΔX/mm										
V_{p-p}/mV										

2）调节测微头的微分筒（0.01mm/小格），使微分筒的0刻度线对准轴套的10mm刻度线。松开安装测微头的紧固螺钉，移动测微头的安装套使示波器第二通道显示的波形 V_{p-p}（峰峰值）为较小值（越小越好，变压器铁芯大约处在中间位置）时，拧紧紧固螺钉，再顺时针方向转动测微头的微分筒12圈，记录此时的测微头读数和示波器CH2通道显示的波形 V_{p-p}（峰峰值）值为实验起点值。以后，反方向（逆时针方向）调节测微头的微分筒，每隔 $\Delta X = 0.2$mm（可取60~70点值）从示波器上读出输出电压 V_{p-p} 值，填入表10.8.1。这样单行程位移方向做实验可以消除测微头的机械回差。

（3）根据表10.8.1数据画出 X-V_{p-p} 曲线并找出差动变压器的零点残余电压。实验完毕后，关闭电源。

10.8.5　思考题

（1）试分析差动变压器与一般电源变压器的异同。
（2）用直流电压激励会损坏传感器，为什么？
（3）如何理解差动变压器的零点残余电压？用什么方法可以减小零点残余电压？

10.9　差动变压器测位移实验

10.9.1　实验目的

了解差动变压器测位移时的应用方法。

10.9.2　基本原理

差动变压器的工作原理参阅实验 10.8（差动变压器性能实验）。差动变压器在应用时要想法消除零点残余电动势和死区，选用合适的测量电路，如采用相敏检波电路，既可判别衔铁移动（位移）方向又可改善输出特性，消除测量范围内的死区。图 10.9.1 是差动变压器测位移原理框图。

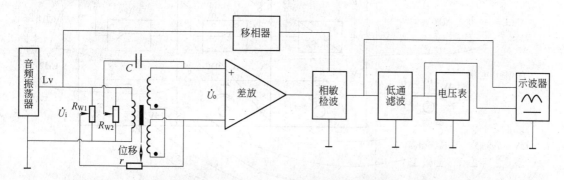

图 10.9.1　差动变压器测位移原理框图

10.9.3　需用器件与单元

主机箱中的 ±2～±10V（步进可调）直流稳压电源、±15V 直流稳压电源、音频振荡器、电压表；差动变压器、差动变压器实验模板、移相器/相敏检波器/低通滤波器实验模板；测微头、双踪示波器。

10.9.4　实验步骤

（1）相敏检波器电路调试。将主机箱的音频振荡器的幅度调到最小（幅度旋钮逆时针轻轻转到底），将 ±2～±10V 可调电源调节到 ±2V 档，再按图 10.9.2 示意接线，检查接线无误后合上主机箱电源开关，调节音频振荡器频率 $f=5\mathrm{kHz}$，峰峰值 $V_{\mathrm{p-p}}=5\mathrm{V}$（用示波器测量，提示：正确选择双踪示波器的"触发"方式及其他设置，触发源选择内触发 CH1、水平扫描速度 TIME/DIV 在 0.1ms～10μs 范围内选择、触发方式选择 AUTO；垂直显示方式为双踪显示 DUAL、垂直输入耦合方式选择直流耦合 DC、灵敏度 VOLTS/DIV 在 1～5V 范围内选择；当 CH1、CH2 输入对地短接时移动光迹线居中后再去测量波形）。调节相敏检波器的电位器钮使示波器显示幅值相等、相位相反的两个波形。到此，相敏检波器电路已调试完毕，以后不要触碰这个电位器钮。关闭电源。

（2）调节测微头的微分筒，使微分筒的 0 刻度值与轴套上的 10mm 刻度值对准。按图 10.9.3 示意图安装、接线。将音频振荡器幅度调节到最小（幅度旋钮逆时针轻转到底）；电压表的量程切换开关切到 20V 档。检查接线无误后合上主机箱电源开关。

（3）调节音频振荡器频率 $f=5\mathrm{kHz}$、幅值 $V_{\mathrm{p-p}}=2\mathrm{V}$（用示波器监测）。

（4）松开测微头安装孔上的紧固螺钉。顺着差动变压器衔铁的位移方向移动测微头的安装套（左、右方向都可以），使差动变压器衔铁明显偏离 L_1 初级线圈的中点位置，再调节移相器的移相电位器使相敏检波器输出为全波整流波形（示波器 CH2 的灵敏度 VOLTS/

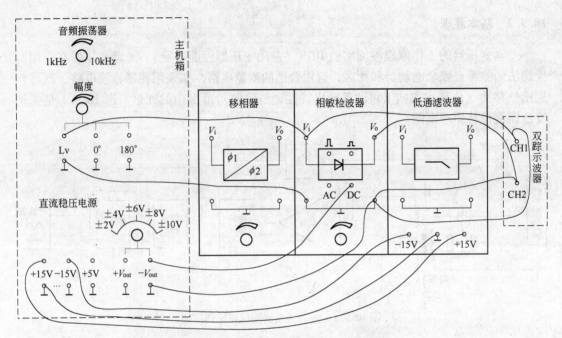

图 10.9.2 相敏检波器电路调试接线示意图

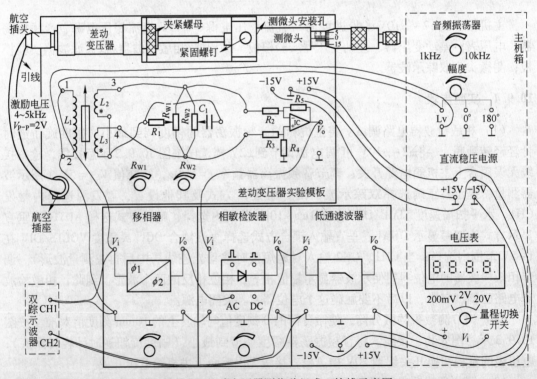

图 10.9.3、差动变压器测位移组成、接线示意图

DIV 在 1V~50mV 范围内选择监测)。再缓慢仔细移动测微头的安装套,使相敏检波器输出波形幅值尽量为最小(尽量使衔铁处在 L_1 初级线圈的中点位置)并拧紧测微头安装孔的紧固螺钉。

（5）调节差动变压器实验模板中的 R_{W1}、R_{W2}（二者配合交替调节）使相敏检波器输出波形趋于水平线（可相应调节示波器量程档观察），并且电压表显示趋于 0V。

（6）调节测微头的微分筒，每隔 $\Delta X = 0.2$mm 从电压表上读取低通滤波器输出的电压值，填入表 10.9.1。

表 10.9.1　差动变压器测位移实验数据

X/mm				−0.2	0	0.2			
V/mV					0				

（7）根据表 10.9.1 数据作出实验曲线，并截取线性比较好的线段计算灵敏度 $S = \Delta V/\Delta X$ 与线性度及测量范围。实验完毕后关闭电源开关。

10.9.5　思考题

差动变压器输出经相敏检波器检波后是否消除了零点残余电压和死区？从实验曲线上能理解相敏检波器的鉴相特性吗？

10.10　电容式传感器的位移实验

10.10.1　实验目的

了解电容式传感器结构及其特点。

10.10.2　基本原理

（1）原理简述：电容传感器是以各种类型的电容器为感感元件，将被测物理量转换成电容量的变化来实现测量的。电容传感器的输出是电容的变化量。利用电容 $C = \varepsilon A/d$ 关系式通过相应的结构和测量电路可以选择 ε、A、d 三个参数中，保持两个参数不变，而只改变其中一个参数，则可以有测干燥度（ε 变）、测位移（d 变）和测液位（A 变）等多种电容传感器。电容传感器极板形状分成平板、圆板形和圆柱（圆筒）形，虽还有球面形和锯齿形等其他的形状，但一般很少用。本实验采用的传感器为圆筒式变面积差动结构的电容式位移传感器，差动式一般优于单组（单边）式的传感器。它灵敏度高、线性范围宽、稳定性高。如图 10.10.1 所示，它是由两个圆筒和一个圆柱组成的。设圆筒的半径为 R，圆柱的半径为 r，圆柱的长为 x，则电容量为 $C = \varepsilon 2\pi x/\ln(R/r)$。图中 C_1、C_2 是差动连接，当图中的圆柱产生 ΔX 位移时，电容量的变化量为 $\Delta C = C_1 - C_2 = \varepsilon 2\pi 2\Delta X/\ln(R/r)$，式中 $\varepsilon 2\pi$、$\ln(R/r)$ 为常数，说明 ΔC 与 ΔX 位移成正比，配上配套测量电路就能测量位移。

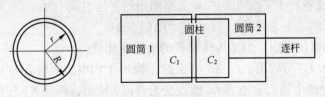

图 10.10.1　实验电容传感器结构

（2）测量电路（电容变换器）：测量电路画在实验模板的面板上。其电路的核心部分是如图 10.10.2 所示的二极管环形充放电电路。

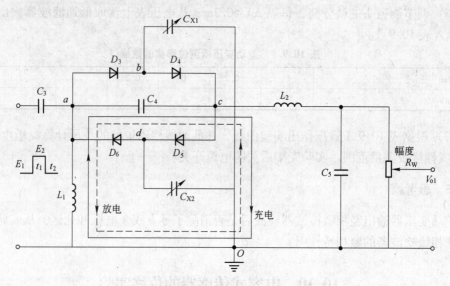

图 10.10.2 二极管环形充放电电路

在图 10.10.2 中，环形充放电电路由 D_3、D_4、D_5、D_6 二极管、C_4 电容、L_1 电感和 C_{X1}、C_{X2}（实验差动电容位移传感器）组成。

当高频激励电压（$f > 100\text{kHz}$）输入到 a 点，由低电平 E_1 跃到高电平 E_2 时，电容 C_{X1} 和 C_{X2} 两端电压均由 E_1 充到 E_2。充电电荷一路由 a 点经 D_3 到 b 点，再对 C_{X1} 充电到 O 点（地）；另一路由 a 点经 C_4 到 c 点，再经 D_5 到 d 点对 C_{X2} 充电到 O 点。此时，D_4 和 D_6 由于反偏置而截止。在 t_1 充电时间内，由 a 到 c 点的电荷量为：

$$Q_1 = C_{X2}(E_2 - E_1) \qquad (10.10.1)$$

当高频激励电压由高电平 E_2 返回到低电平 E_1 时，电容 C_{X1} 和 C_{X2} 均放电。C_{X1} 经 b 点、D_4、c 点、C_4、a 点、L_1 放电到 O 点；C_{X2} 经 d 点、D_6、L_1 放电到 O 点。在 t_2 放电时间内由 c 点到 a 点的电荷量为：

$$Q_2 = C_{X1}(E_2 - E_1) \qquad (10.10.2)$$

当然，式（10.10.1）和式（10.10.2）是在 C_4 电容值远远大于传感器的 C_{X1} 和 C_{X2} 电容值的前提下得到的结果。电容 C_4 的充放电回路如图 10.10.2 中实线、虚线箭头所示。

在一个充放电周期内（$T = t_1 + t_2$），由 c 点到 a 点的电荷量为：

$$Q = Q_2 - Q_1 = (C_{X1} - C_{X2})(E_2 - E_1) = \Delta C_X \cdot \Delta E \qquad (10.10.3)$$

式中，C_{X1} 与 C_{X2} 的变化趋势是相反的（传感器的结构所决定，本实验为差动式传感器）。

设激励电压频率 $f = 1/T$，则流过 ac 支路输出的平均电流 i 为：

$$i = fQ = f\Delta C_X \cdot \Delta E \qquad (10.10.4)$$

式中，ΔE 为激励电压幅值；ΔC_X 为传感器的电容变化量。

由式（10.10.4）可看出，f、ΔE 一定时，输出平均电流 i 与 ΔC_X 成正比，此输出平均电流 i 经电路中的电感 L_2、电容 C_5 滤波变为直流 I 输出，再经 R_W 转换成电压输出 $V_{o1} = I R_W$。由传感器原理已知 ΔC 与 ΔX 位移成正比，所以通过测量电路的输出电压 V_{o1} 就可知

ΔX 位移。

（3）电容式位移传感器实验原理方块图如图 10.10.3 所示。

图 10.10.3　电容式位移传感器实验方块图

10.10.3　需用器件与单元

主机箱±15V 直流稳压电源、电压表；电容传感器、电容传感器实验模板、测微头。

10.10.4　实验步骤

（1）按图 10.10.4 示意安装、接线。

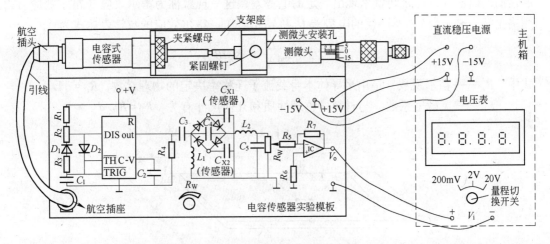

图 10.10.4　电容传感器位移实验安装、接线示意图

（2）将实验模板上的 R_W 调节到中间位置（方法：逆时针转到底再顺时针转 3 圈）。

（3）将主机箱上的电压表量程切换开关打到 2V 档，检查接线无误后合上主机箱电源开关，旋转测微头改变电容传感器的动极板位置使电压表显示 0V，再转动测微头（同一个方向）6 圈，记录此时的测微头读数和电压表显示值，此为实验起点值。以后，反方向每转动测微头 1 圈即 $\Delta X=0.5$mm 位移读取电压表读数，这样转 12 圈读取相应的电压表读数，将数据填入表 10.10.1。这样单行程位移方向做实验可以消除测微头的回差。

表 10.10.1　电容传感器位移实验数据

X/mm											
V/mV											

（4）根据表 10.10.1 数据作出 ΔX-V 实验曲线，并截取线性比较好的线段计算灵敏度 $S=\Delta V/\Delta X$ 和非线性误差 δ 及测量范围。实验完毕后关闭电源开关。

10.11　线性霍尔传感器位移特性实验

10.11.1　实验目的

了解霍尔式传感器原理与应用。

10.11.2　基本原理

霍尔式传感器是一种磁敏传感器，基于霍尔效应原理工作。它将被测量的磁场变化（或以磁场为媒体）转换成电动势输出。霍尔效应是具有载流子的半导体同时处在电场和磁场中而产生电势的一种现象。如图 10.11.1 所示（带正电的载流子），把一块宽为 b，厚为 d 的导电板放在磁感应强度为 B 的磁场中，并在导电板中通以纵向电流 I，此时在板的横向两侧面 A—A' 之间就呈现出一定的电势差，这一现象称为霍尔效应（霍尔效应可以用洛伦兹力来解释），所产生的电势差 U_H 称霍尔电压。霍尔效应的数学表达式为：

$$U_H = R_H \frac{IB}{d} = K_H IB$$

式中　R_H——霍尔系数，是由半导体本身载流子迁移率决定的物理常数，$R_H = -1/(ne)$；

　　　　K_H——灵敏度系数，与材料的物理性质和几何尺寸有关，$K_H = R_H/d$。

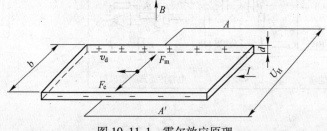

图 10.11.1　霍尔效应原理

具有上述霍尔效应的元件称为霍尔元件，霍尔元件大多采用 N 型半导体材料（金属材料中自由电子浓度 n 很高，因此 R_H 很小，使输出 U_H 极小，不宜作霍尔元件），厚度 d 只有 $1\mu m$ 左右。

霍尔传感器有霍尔元件和集成霍尔传感器两种类型。集成霍尔传感器是把霍尔元件、放大器等做在一个芯片上的集成电路型结构，与霍尔元件相比，它具有微型化好、灵敏度高、可靠性高、寿命长、功耗低、负载能力强以及使用方便等优点。

本实验采用的霍尔式位移（小位移 1~2mm）传感器是由线性霍尔元件、永久磁钢组成，其他很多物理量，如力、压力、机械振动等本质上都可转变成位移的变化来测量。霍尔式位移传感器的工作原理和实验电路原理如图 10.11.2 所示。将磁场强度相同的两块永久磁钢同极性相对放置着，线性霍尔元件置于两块磁钢间的中点，其磁感应强度为 0，设这个位置为位移的零点，即 $X=0$，因磁感应强度 $B=0$，故输出电压 $U_H=0$。当霍尔元件沿 x 轴有位移时，由于 $B\neq0$，则有一电压 U_H 输出，U_H 经差动放大器放大输出为 V。V 与 X 有一一对应的特性关系。

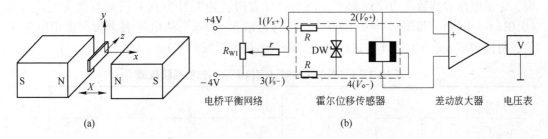

图 10.11.2　霍尔式位移传感器工作原理图

(a) 工作原理；(b) 实验电路原理

注意：线性霍尔元件有四个引线端。涂黑的两端是电源输入激励端，另外两端是输出端。接线时，电源输入激励端与输出端千万不能颠倒，否则霍尔元件就会损坏。

10.11.3　需用器件与单元

主机箱中的±2～±10V（步进可调）直流稳压电源、±15V 直流稳压电源、电压表；霍尔传感器实验模板、霍尔传感器、测微头。

10.11.4　实验步骤

(1) 调节测微头的微分筒（0.01mm/小格），使微分筒的 0 刻度线对准轴套的 10mm 刻度线。按图 10.11.3 示意安装、接线，将主机箱上的电压表量程切换开关打到 2V 档，±2～±10V（步进可调）直流稳压电源调节到±4V 档。

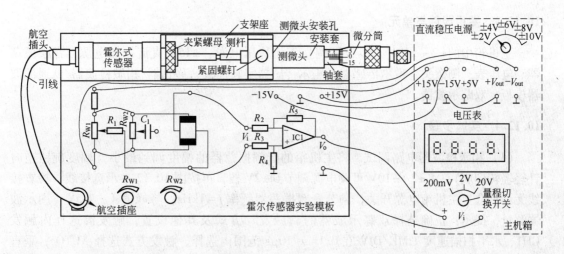

图 10.11.3　霍尔传感器（直流激励）位移实验接线示意图

(2) 检查接线无误后，开启主机箱电源，松开安装测微头的紧固螺钉，移动测微头的安装套，使传感器的 PCB 板（霍尔元件）处在两圆形磁钢的中点位置（目测），此时拧紧紧固螺钉。再调节 R_{W1} 使电压表显示 0。

(3) 测位移使用测微头时，当来回调节微分筒使测杆产生位移的过程中本身存在机械回程差，为消除这种机械回差可用单行程位移方法实验：顺时针调节测微头的微分筒 3

周，记录电压表读数作为位移起点。以后，反方向（逆时针方向）调节测微头的微分筒（0.01mm/小格），每隔 $\Delta X = 0.1$mm（总位移可取 3~4mm）从电压表上读出输出电压 V_0 值，将读数填入表 10.11.1（这样可以消除测微头的机械回差）。

表 10.11.1　霍尔传感器（直流激励）位移实验数据

ΔX/mm									
V/mV									

（4）根据表 10.11.1 数据作出 V-ΔX 实验曲线，分析曲线在不同测量范围（±0.5mm、±1mm、±2mm）时的灵敏度和非线性误差。实验完毕后，关闭电源。

10.12　线性霍尔传感器交流激励时的位移性能实验

10.12.1　实验目的

了解交流激励时霍尔式传感器的特性。

10.12.2　基本原理

交流激励时霍尔式传感器与直流激励一样，基本工作原理相同，不同之处是测量电路。

10.12.3　需用器件与单元

主机箱中的±2~±10V（步进可调）直流稳压电源、±15V 直流稳压电源、音频振荡器、电压表；测微头、霍尔传感器、霍尔传感器实验模板、移相器/相敏检波器/低通滤波器模板、双踪示波器。

10.12.4　实验步骤

（1）相敏检波器电路调试。将主机箱的音频振荡器的幅度调到最小（幅度旋钮逆时针轻轻转到底），将±2~±10V 可调电源调节到±2V 档，再按图 10.12.1 示意接线，检查接线无误后合上主机箱电源开关，调节音频振荡器频率 $f = 1$kHz，峰峰值 $V_{p-p} = 5$V（用示波器测量，提示：正确选择双踪示波器的"触发"方式及其他设置，触发源选择内触发 CH1、水平扫描速度 TIME/DIV 在 0.1ms~10μs 范围内选择、触发方式选择 AUTO；垂直显示方式为双踪显示 DUAL、垂直输入耦合方式选择直流耦合 DC、灵敏度 VOLTS/DIV 在 1~5V 范围内选择。当 CH1、CH2 输入对地短接时移动光迹线居中后再去测量波形）。调节相敏检波器的电位器钮使示波器显示幅值相等、相位相反的两个波形。至此，相敏检波器电路已调试完毕，以后不要触碰这个电位器钮。关闭电源。

（2）调节测微头的微分筒（0.01mm/小格），使微分筒的 0 刻度线对准轴套的 10mm 刻度线。按图 10.12.2 示意图安装、接线，将主机箱上的电压表量程切换开关打到 2V 档，检查接线无误后合上主机箱电源开关。

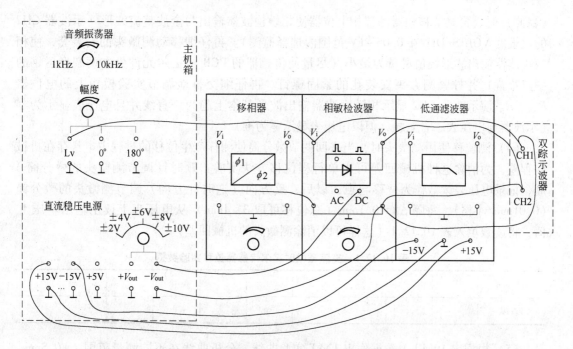

图 10.12.1   相敏检波器电路调试接线示意图

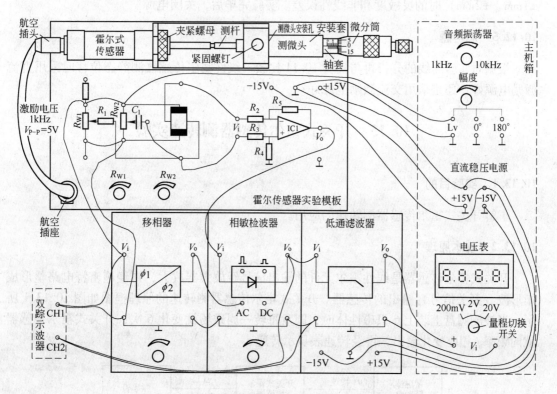

图 10.12.2   交流激励时霍尔传感器位移实验接线图

（3）松开测微头安装孔上的紧固螺钉。顺着传感器的位移方向移动测微头的安装套（左、右方向都可以），使传感器的 PCB 板（霍尔元件）明显偏离两圆形磁钢的中点位置

（目测）时，再调节移相器的移相电位器使相敏检波器输出为全波整流波形（示波器 CH2 的灵敏度 VOLTS/DIV 在 0.05～1V 范围内选择监测）。再仔细移动测微头的安装套，使相敏检波器输出波形幅值尽量为最小（尽量使传感器的 PCB 板霍尔元件处在两圆形磁钢的中点位置）并拧紧测微头安装孔的紧固螺钉。再仔细交替地调节实验模板上的电位器 R_{W1}、R_{W2} 使示波器 CH2 显示相敏检波器输出波形基本上趋为一直线并且电压表显示为零（示波器与电压表二者兼顾，但以电压表显示零为准）。

（4）测位移使用测微头时，当来回调节微分筒使测杆产生位移的过程中本身存在机械回程差，为消除这种机械回差可用单行程位移方法实验：顺时针调节测微头的微分筒 3 周，记录电压表读数作为位移起点，以后，反方向（逆时针方向）调节测微头的微分筒（0.01mm/小格），每隔 $\Delta X = 0.1$mm（总位移可取 3～4mm）从电压表上读出输出电压 V_o 值，将读数填入表 10.12.1（这样可以消除测微头的机械回差）。

表 10.12.1　交流激励时霍尔传感器位移实验数据

ΔX/mm											
V/mV											

（5）根据表 10.12.1 数据作出 V-ΔX 实验曲线，分析曲线在不同测量范围（±0.5mm、±1mm、±2mm）时的灵敏度和非线性误差。实验完毕后，关闭电源。

10.12.5　思考题

根据对实验曲线的分析再与实验 10.11 比较，线性霍尔传感器测静态位移时采用直流激励电源好，还是采用交流激励电源好？

10.13　开关式霍尔传感器测转速实验

10.13.1　实验目的

了解开关式霍尔传感器测转速的应用。

10.13.2　基本原理

开关式霍尔传感器是线性霍尔元件的输出信号经放大器放大，再经施密特电路整形成矩形波（开关信号）输出的传感器。开关式霍尔传感器测转速的原理框图如图 10.13.1 所示。当被测圆盘上装上 6 只磁性体时，圆盘每转一周磁场就变化 6 次，开关式霍尔传感器就同频率 f 相应变化输出，再经转速表显示转速 n。

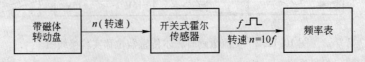

图 10.13.1　开关式霍尔传感器测转速原理框图

10.13.3 需用器件与单元

主机箱中的转速调节 0~24V 直流稳压电源、+5V 直流稳压电源、电压表、频率/转速表；霍尔转速传感器、转动源。

10.13.4 实验步骤

（1）根据图 10.13.2 将霍尔转速传感器安装于霍尔架上，传感器的端面对准转盘上的磁钢并调节升降杆使传感器端面与磁钢之间的间隙大约为 2~3mm。

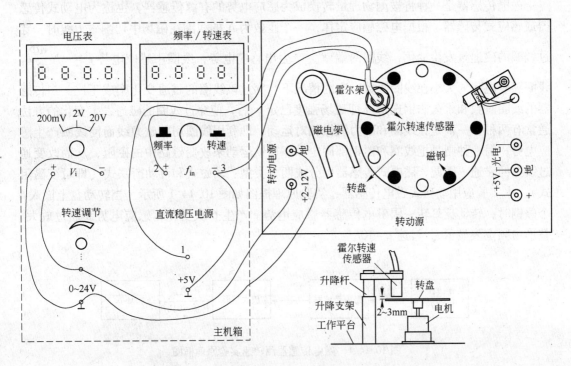

图 10.13.2　霍尔转速传感器实验安装、接线示意图

（2）将主机箱中的转速调节电源 0~24V 旋钮调到最小（逆时针方向转到底）后接入电压表（电压表量程切换开关打到 20V 档）；其他接线按图 10.13.2 所示连接（注意霍尔转速传感器的三根引线的序号）；将频率/转速表的开关按到转速档。

（3）检查接线无误后合上主机箱电源开关，在小于 12V 范围内（电压表监测）调节主机箱的转速调节电源（调节电压改变直流电机电枢电压），观察电机转动及转速表的显示情况。

（4）从 2V 开始记录每增加 1V 相应电机转速的数据（待电机转速比较稳定后读取数据）；画出电机的 V-n（电机电枢电压与电机转速的关系）特性曲线。实验完毕后，关闭电源。

10.13.5 思考题

利用开关式霍尔传感器测转速时被测对象要满足什么条件？

10.14　磁电式传感器测转速实验

10.14.1　实验目的

了解磁电式传感器测量转速的原理。

10.14.2　基本原理

磁电传感器是一种将被测物理量转换成为感应电势的有源传感器，也称为电动式传感器或感应式传感器。根据电磁感应定律，一个匝数为 N 的线圈在磁场中切割磁力线时，穿过线圈的磁通量发生变化，线圈两端就会产生出感应电势，线圈中感应电势 $e = -N\dfrac{\mathrm{d}\Phi}{\mathrm{d}t}$。

线圈感应电势的大小在线圈匝数一定的情况下与穿过该线圈的磁通变化率成正比。当传感器的线圈匝数和永久磁钢选定（即磁场强度已定）后，使穿过线圈的磁通发生变化的方法通常有两种：一种是让线圈和磁力线做相对运动，即利用线圈切割磁力线而使线圈产生感应电势；另一种则是把线圈和磁钢部固定，靠衔铁运动来改变磁路中的磁阻，从而改变通过线圈的磁通。因此，磁电式传感器可分成两大类型：动磁式和可动衔铁式（即可变磁阻式）。本实验应用动磁式磁电传感器，实验原理框图如图 10.14.1 所示。当转动盘上嵌入 6 个磁钢时，转动盘每转一周磁电传感器感应电势 e 产生 6 次变化，感应电势 e 通过放大、整形由频率表显示 f，转速 $n = 10f$。

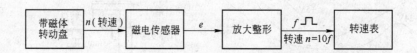

图 10.14.1　磁电传感器测转速实验原理框图

10.14.3　需用器件与单元

主机箱中的转速调节 0~24V 直流稳压电源、电压表、频率/转速表；磁电式传感器、转动源。

10.14.4　实验步骤

磁电式转速传感器测速实验除了传感器不用接电源外（传感器探头中心与转盘磁钢对准），其他完全与实验 10.13 相同。请按图 10.14.2 示意安装、接线并按照实验 10.13 中的实验步骤做实验。实验完毕后，关闭电源。

10.14.5　思考题

磁电式转速传感器测很低的转速时会降低精度，甚至不能测量。如何创造条件保证磁

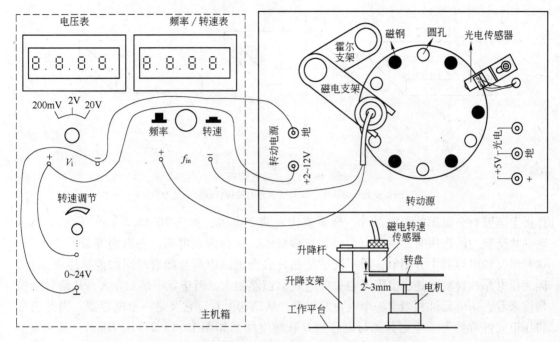

图 10.14.2　磁电转速传感器测速实验安装、接线示意图

电式转速传感器能正常测转速？并说明理由。

10.15　压电式传感器测振动实验

10.15.1　实验目的

了解压电传感器的原理和测量振动的方法。

10.15.2　基本原理

压电式传感器是一个典型的发电型传感器，其传感元件是压电材料，它以压电材料的压电效应为转换机理实现力到电量的转换。压电式传感器可以对各种动态力、机械冲击和振动进行测量，在声学、医学、力学、导航方面都得到广泛的应用。

10.15.2.1　压电效应

具有压电效应的材料称为压电材料，常见的压电材料有两类：一是压电单晶体，如石英、酒石酸钾钠等；二是人工多晶体压电陶瓷，如钛酸钡、锆钛酸铅等。

压电材料受到外力作用时，在发生变形的同时内部产生极化现象，它表面会产生符号相反的电荷。当外力去掉时，又重新回复到原不带电状态，当作用力的方向改变后电荷的极性也随之改变，如图 10.15.1 所示，这种现象称为压电效应。

10.15.2.2　压电晶片及其等效电路

多晶体压电陶瓷的灵敏度比压电单晶体要高很多，压电传感器的压电元件是在两个工

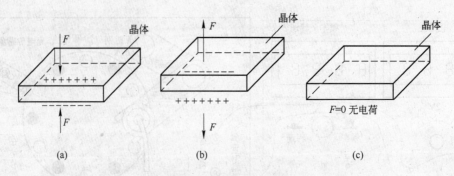

图 10.15.1　压电效应

(a) 受到外力挤压；(b) 受到外力拉伸；(c) 无外力

作面上蒸镀有金属膜的压电晶片，金属膜构成两个电极，如图 10.15.2（a）所示。当压电晶片受到力的作用时，便有电荷聚集在两极上，一面为正电荷，一面为等量的负电荷。这种情况和电容器十分相似，所不同的是晶片表面上的电荷会随着时间的推移逐渐漏掉，因为压电晶片材料的绝缘电阻（也称漏电阻）虽然很大，但毕竟不是无穷大，从信号变换角度来看，压电元件相当于一个电荷发生器。从结构上看，它又是一个电容器。因此通常将压电元件等效为一个电荷源与电容相并联的电路，如图 10.15.2（b）所示。其中 $e_a = Q/C_a$，式中，e_a 为压电晶片受力后所呈现的电压，也称为极板上的开路电压；Q 为压电晶片表面上的电荷；C_a 为压电晶片的电容。

实际的压电传感器中，往往用两片或两片以上的压电晶片进行并联或串联。压电晶片并联时如图 10.15.2（c）所示，两晶片正极集中在中间极板上，负电极在两侧的电极上，因而电容量大，输出电荷量大，时间常数大，宜于测量缓变信号并以电荷量作为输出。

压电传感器的输出，理论上应当是压电晶片表面上的电荷 Q。根据图 10.15.2（b）可知测试中也可取等效电容 C_a 上的电压值，作为压电传感器的输出。因此，压电式传感器就有电荷和电压两种输出形式。

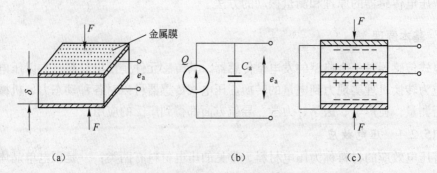

图 10.15.2　压电晶片及等效电路

(a) 压电晶片；(b) 等效电荷源；(c) 两片压电晶片并联

10.15.2.3　压电式加速度传感器

图 10.15.3 是压电式加速度传感器的结构图。图中，M 是惯性质量块，K 是压电晶片。压电式加速度传感器实质上是一个惯性力传感器。在压电晶片 K 上，放有质量块 M。

当壳体随被测振动体一起振动时，作用在压电晶体上的力 $F=Ma$。当质量 M 一定时，压电晶体上产生的电荷与加速度 a 成正比。

10.15.2.4　压电式加速度传感器和放大器等效电路

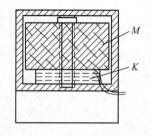

图 10.15.3　压电式加速度传感器

压电传感器的输出信号很弱小，必须进行放大，压电传感器所配接的放大器有两种结构形式：一种是带电阻反馈的电压放大器，其输出电压与输入电压（即传感器的输出电压）成正比；另一种是带电容反馈的电荷放大器，其输出电压与输入电荷量成正比。图 10.15.4 为传感器-电缆-电荷放大器系统的等效电路图。

电压放大器测量系统的输出电压对电缆电容 C_c 敏感。当电缆长度变化时，C_c 就变化，使得放大器输入电压 e_i 变化，系统的电压灵敏度也将发生变化，这就增加了测量的困难。电荷放大器则克服了上述电压放大器的缺点。它是一个高增益带电容反馈的运算放大器。当略去传感器的漏电阻 R_a 和电荷放大器的输入电阻 R_i 影响时，有

$$Q = e_i(C_a + C_c + C_i) + (e_i - e_y)C_f \qquad (10.15.1)$$

式中，e_i 为放大器输入端电压；e_y 为放大器输出端电压，$e_y = -Ke_i$；K 为电荷放大器开环放大倍数；C_f 为电荷放大器反馈电容。将 $e_y = -Ke_i$ 代入式（10.15.1），可得到放大器输出端电压 e_y 与传感器电荷 Q 的关系式，设：

$$C = C_a + C_c + C_i$$
$$e_y = -KQ/[(C + C_f) + KC_f] \qquad (10.15.2)$$

当放大器的开环增益足够大时，则有 $KC_f \gg C+C_f$，故式（10.15.2）可简化为

$$e_y = -Q/C_f \qquad (10.15.3)$$

式（10.15.3）表明，在一定条件下，电荷放大器的输出电压与传感器的电荷量成正比，而与电缆的分布电容无关，输出灵敏度取决于反馈电容 C_f。所以，电荷放大器的灵敏度调节，都是采用切换运算放大器反馈电容 C_f 的办法。采用电荷放大器时，即使连接电缆长度达百米以上，其灵敏度也无明显变化，这是电荷放大器的主要优点。

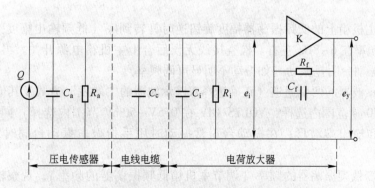

图 10.15.4　传感器-电缆-电荷放大器系统的等效电路图

10.15.2.5　压电加速度传感器实验原理图

压电加速度传感器实验原理、电荷放大器如图 10.15.5 和图 10.15.6 所示。

图 10.15.5　压电加速度传感器实验原理框图

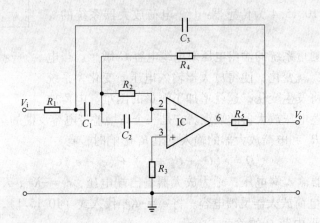

图 10.15.6　电荷放大器原理图

10.15.3　需用器件与单元

主机箱±15V 直流稳压电源、低频振荡器；压电传感器、压电传感器实验模板、移相器/相敏检波器/滤波器模板；振动源、双踪示波器。

10.15.4　实验步骤

（1）按图 10.15.7 所示将压电传感器安装在振动台面上（与振动台面中心的磁钢吸合），振动源的低频输入接主机箱中的低频振荡器，其他连线按图 10.15.7 示意接线。

（2）将主机箱上的低频振荡器幅度旋钮逆时针转到底（低频输出幅度为零），调节低频振荡器的频率在 6～8Hz 左右。检查接线无误后合上主机箱电源开关。再调节低频振荡器的幅度使振动台明显振动（如振动不明显可调频率）。

（3）用示波器的两个通道（正确选择双踪示波器的"触发"方式及其他设置，TIME/DIV 在 20～50ms 范围内选择，VOLTS/DIV 在 0.5V～50mV 范围内选择）同时观察低通滤波器输入端和输出端波形；在振动台正常振动时用手指敲击振动台同时观察输出波形变化。

（4）改变低频振荡器的频率（调节主机箱低频振荡器的频率），观察输出波形变化。实验完毕后，关闭电源。

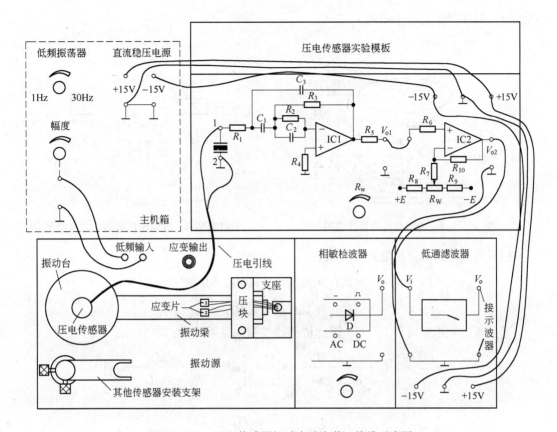

图 10.15.7 压电传感器振动实验安装、接线示意图

10.16 电涡流传感器位移实验

10.16.1 实验目的

了解电涡流传感器测量位移的工作原理和特性。

10.16.2 基本原理

电涡流式传感器是一种建立在涡流效应原理上的传感器。电涡流式传感器由传感器线圈和被测物体（导电体-金属涡流片）组成，如图 10.16.1 所示。根据电磁感应原理，当传感器线圈（一个扁平线圈）通以交变电流（频率较高，一般为 $1 \sim 2\text{MHz}$）I_1 时，线圈周围空间会产生交变磁场 H_1，当线圈平面靠近某一导体面时，由于线圈磁通链穿过导体，使导体的表面层感应出呈旋涡状自行闭合的电流 I_2，而 I_2 所形成的磁通链又穿过传感器线圈，这样线圈与涡流"线圈"形成了有一定耦合的互感，最终原线圈反馈一等效电感，从而导致传感器线圈的阻抗 Z 发生变化。把被测导体上形成的电涡等效成一个短路环，这样就可得到如图 10.16.2 所示的等效电路。图中 R_1、L_1 为传感器线圈的电阻和电感。短路环可以认为是一匝短路线圈，其电阻为 R_2、电感为 L_2。线圈与导体间存在一个互感 M，它随线圈与导体间距的减小而增大。

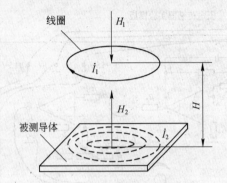

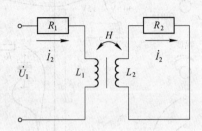

图 10.16.1 电涡流传感器原理图   图 10.16.2 电涡流传感器等效电路图

根据等效电路可列出电路方程组:

$$\begin{cases} R_2\dot{I}_2 + j\omega L_2\dot{I}_2 - j\omega M\dot{I}_1 = 0 \\ R_1\dot{I}_1 + j\omega L_1\dot{I}_1 - j\omega M\dot{I}_2 = \dot{U}_1 \end{cases}$$

通过解方程组,可得 I_1、I_2。因此传感器线圈的复阻抗为:

$$Z = \frac{\dot{U}}{\dot{I}} = \left[R_1 + \frac{\omega^2 M^2}{R_2^2 + (\omega L_2)^2}R_2 \right] + j\left[\omega L_1 - \frac{\omega^2 M^2}{R_2^2 + (\omega L_2)^2}\omega L_2 \right]$$

线圈的等效电感为:

$$L = L_1 - L_2\frac{\omega^2 M^2}{R_2^2 + (\omega L_2)^2}$$

线圈的等效 Q 值为:

$$Q = Q_0\left\{ \left[1 - (L_2\omega^2 M^2)/(L_1 Z_2^2) \right]/\left[1 + (R_2\omega^2 M^2)/(R_1 Z_2^2) \right] \right\}$$

式中 Q_0——无涡流影响下线圈的 Q 值,$Q_0 = \omega L_1/R_1$;

         Z_2^2——金属导体中产生电涡流部分的阻抗,$Z_2^2 = R_2^2 + \omega^2 L_2^2$。

由 Z、L 和 Q 的表达式可以看出,线圈与金属导体系统的阻抗 Z、电感 L 和品质因数 Q 值都是该系统互感系数平方的函数,而从麦克斯韦互感系数的基本公式出发,可得互感系数是线圈与金属导体间距离 $x(H)$ 的非线性函数。因此 Z、L、Q 均是 x 的非线性函数。虽然它整个函数是非线性的,其函数特征为"S"形曲线,但可以选取它近似为线性的一段。其实 Z、L、Q 的变化与导体的电导率、磁导率、几何形状、线圈的几何参数、激励电流频率以及线圈到被测导体间的距离有关。如果控制上述参数中的一个参数改变,而其余参数不变,则阻抗就成为这个变化参数的单值函数。当电涡流线圈、金属涡流片以及激励源确定后,并保持环境温度不变,则只与距离 x 有关。于此,通过传感器的调理电路(前置器)处理,将线圈阻抗 Z、L、Q 的变化转化成电压或电流的变化输出。输出信号的大小随探头到被测体表面之间的间距而变化,电涡流传感器就是根据这一原理实现对金属物体的位移、振动等参数的测量。

为实现电涡流位移测量,必须有一个专用的测量电路。这一测量电路(称之为前置器,也称电涡流变换器)应包括具有一定频率的稳定的振荡器和一个检波电路等。电涡流传感器位移测量实验框图如图 10.16.3 所示。

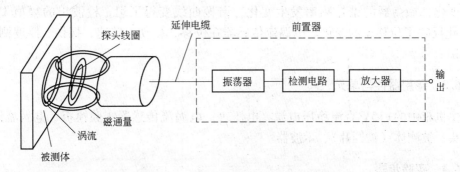

图 10.16.3 电涡流位移特性实验原理框图

根据电涡流传感器的基本原理,将传感器与被测体间的距离变换为传感器的 Q 值、等效阻抗 Z 和等效电感 L 三个参数,用相应的测量电路(前置器)来测量。

本实验的涡流变换器为变频调幅式测量电路,电路原理如图 10.16.4 所示。电路组成:(1) Q_1、C_1、C_2、C_3 组成电容三点式振荡器,产生频率为 1MHz 左右的正弦载波信号。电涡流传感器接在振荡回路中,传感器线圈是振荡回路的一个电感元件。振荡器作用是将位移变化引起的振荡回路的 Q 值变化转换成高频载波信号的幅值变化。(2) D_1、C_5、L_2、C_6 组成了由二极管和 LC 形成的 π 形滤波的检波器。检波器的作用是将高频调幅信号中传感器检测到的低频信号取出来。(3) Q_2 组成射极跟随器。射极跟随器的作用是输入、输出匹配以获得尽可能大的不失真输出的幅度值。

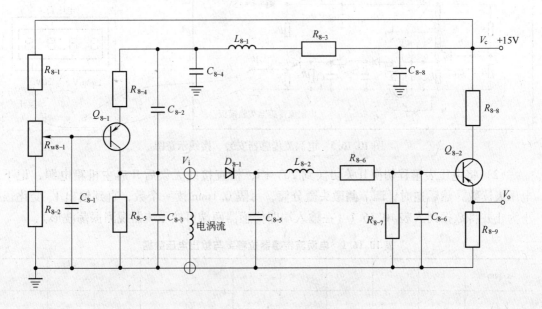

图 10.16.4 电涡流变换器原理图

电涡流传感器是通过传感器端部线圈与被测物体(导电体)间的间隙变化来测物体的振动相对位移量和静位移的,它与被测物之间没有直接的机械接触,具有很宽的使用频率范围(0~10Hz)。当无被测导体时,振荡器回路谐振于 f_0,传感器端部线圈 Q_0 为定值且最高，对应的检波输出电压 V_o 最大。当被测导体接近传感器线圈时，线圈 Q 值发生变化，振荡器的谐振频率发生变化，谐振曲线变得平坦，检波出的幅值 V_o 变小。V_o 变化反映了位移 x 的变化。电涡流传感器在位移、振动、转速、探伤、厚度测量上得到应用。

10.16.3　需用器件与单元

主机箱中的 ±15V 直流稳压电源、电压表；电涡流传感器实验模板、电涡流传感器、测微头、被测体（铁圆片）、示波器。

10.16.4　实验步骤

（1）观察传感器结构，这是一个平绕线圈。调节测微头的微分筒，使微分筒的 0 刻度值与轴套上的 5mm 刻度值对准。按图 10.16.5 安装测微头、被测体铁圆片、电涡流传感器（注意安装顺序：首先将测微头的安装套插入安装架的安装孔内，再将被测体铁圆片套在测微头的测杆上；然后在支架上安装好电涡流传感器；最后平移测微头安装套使被测体与传感器端面相贴并拧紧测微头安装孔的紧固螺钉），再按图 10.16.5 示意接线。

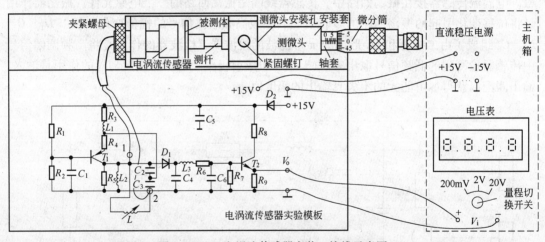

图 10.16.5　电涡流传感器安装、接线示意图

（2）将电压表量程切换开关切换到 20V 档，检查接线无误后开启主机箱电源，记下电压表读数，然后逆时针调节测微头微分筒，每隔 0.1mm 读一个数，直到输出 V_o 变化很小为止并将数据列入表 10.16.1（在输入端即传感器两端可接示波器观测振荡波形）。

表 10.16.1　电涡流传感器位移 x 与输出电压数据

x/mm							
V_o/V							

（3）根据表 10.16.1 数据，画出 $V\text{-}x$ 实验曲线，根据曲线找出线性区域比较好的范围计算灵敏度和线性度（可用最小二乘法或其他方法拟合直线）。实验完毕后，关闭电源。

10.17 光电传感器测转速实验

10.17.1 实验目的

了解光电转速传感器测量转速的原理及方法。

10.17.2 基本原理

光电式转速传感器有反射型和透射型两种，本实验装置是透射型的（光电断续器也称光耦），传感器端部两内侧分别装有发光管和光电管，发光管发出的光源透过转盘上通孔后由光电管接收转换成电信号，由于转盘上有均匀间隔的 6 个孔，转动时将获得与转速有关的脉冲数，脉冲经处理由频率表显示 f，即可得到转速 $n = 10f$。实验原理框图如图 10.17.1 所示。

$$\boxed{\text{带孔转动盘}} \xrightarrow{n(\text{转速})} \boxed{\text{光耦}} \xrightarrow{f\text{脉冲}} \boxed{\text{放大整形}} \xrightarrow[\text{转速 } n=10f]{f \ \sqcap\sqcap} \boxed{\text{转速表}}$$

图 10.17.1 光耦测转速实验原理框图

10.17.3 需用器件与单元

主机箱中的转速调节 0~24V 直流稳压电源、+5V 直流稳压电源、电压表、频率/转速表；转动源、光电转速传感器——光电断续器（已装在转动源上）。

10.17.4 实验步骤

（1）将主机箱中的转速调节 0~24V 旋钮旋到最小（逆时针旋到底）并接上电压表；再按图 10.17.2 所示接线，将主机箱中频率/转速表的切换开关切换到转速处。

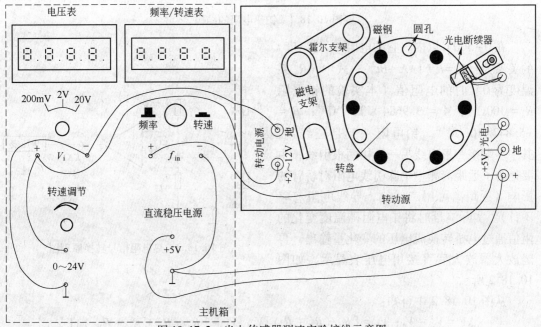

图 10.17.2 光电传感器测速实验接线示意图

158

（2）检查接线无误后，合上主机箱电源开关，在小于12V范围内（电压表监测）调节主机箱的转速调节电源（调节电压改变电机电枢电压），观察电机转动及转速表的显示情况。

（3）从2V开始记录每增加1V相应电机转速的数据（待转速表显示比较稳定后读取数据）；画出电机的 V-n（电机电枢电压与电机转速的关系）特性曲线。实验完毕后，关闭电源。

10.17.5　思考题

已进行的实验中用了多种传感器测量转速，试分析比较一下哪种方法最简单方便。

10.18　Pt100铂电阻测温特性实验

10.18.1　实验目的

了解 Pt100 热电阻—电压转换方法及 Pt100 热电阻测温特性与应用。

10.18.2　基本原理

利用导体电阻随温度变化的特性，可以制成热电阻，要求其材料电阻温度系数大，稳定性好，电阻率高，电阻与温度之间最好有线性关系。常用的热电阻有铂电阻（500℃以内）和铜电阻（150℃以内）。铂电阻是将 0.05~0.07mm 的铂丝绕在线圈骨架上封装在玻璃或陶瓷内构成，图 10.18.1 是铂热电阻的结构。

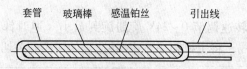

图 10.18.1　铂热电阻的结构

在 0~500℃以内，它的电阻 R_t 与温度 t 的关系为：$R_t = R_o(1 + At + Bt^2)$，式中，R_o 系温度为 0℃时的电阻值（本实验的铂电阻 $R_o = 100\Omega$）；$A = 3.9684 \times 10^{-3}℃^{-1}$；$B = -5.847 \times 10^{-7}℃^{-2}$。铂电阻一般是三线制，其中一端接一根引线另一端接两根引线，主要是为了远距离测量消除引线电阻对桥臂的影响（近距离可用二线制，导线电阻忽略不计）。实际测量时将铂电阻随温度变化的阻值通过电桥转换成电压的变化量输出，再经放大器放大后直接用电压表显示，如图10.18.2 所示。

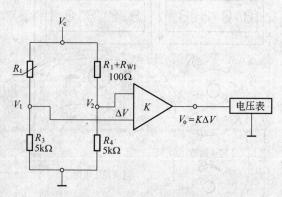

图 10.18.2　热电阻信号转换原理图

从图 10.18.2 中可知：

$$\Delta V = V_1 - V_2 ; \quad V_1 = [R_3/(R_3 + R_t)]V_c ; \quad V_2 = [R_4/(R_4 + R_1 + R_{W1})]V_c$$

$$\Delta V = V_1 - V_2 = \{[R_3/(R_3+R_t)] - [R_4/(R_4+R_1+R_{W1})]\}V_c$$

所以　　　　$V_o = K\Delta V = K\{[R_3/(R_3+R_t)] - [R_4/(R_4+R_1+R_{W1})]\}V_c$

式中，R_t 随温度的变化而变化，其他参数都是常量，所以放大器的输出 V_o 与 R_t，也就是与温度有一一对应关系，通过测量 V_o 可计算出 R_t：

$$R_t = R_3[K(R_1+R_{W1})V_c - (R_4+R_1+R_{W1})V_o]/[KV_cR_4 + (R_4+R_1+R_{W1})V_o]$$

Pt100 热电阻一般应用在冶金、化工行业及需要温度测量控制的设备上，适用于测量、控制低于 600℃ 的温度。本实验由于受到温度源及安全上的限制，所做的实验温度值低于 160℃。

10.18.3　需用器件与单元

主机箱中的智能调节器单元、电压表、转速调节 0～24V 电源、±15V 直流稳压电源、±2～±10V（步进可调）直流稳压电源；温度源、Pt100 热电阻两支（一支用于温度源控制、另一支用于温度特性实验）、温度传感器实验模板；压力传感器实验模板（作为直流电压（mV）信号发生器）、4（1/2）位数显万用表（自备）。

温度传感器实验模板简介：图 10.18.3 中的温度传感器实验模板是由三运放组成的测量放大电路、ab 传感器符号、传感器信号转换电路（电桥）及放大器工作电源引入插孔构成；其中 R_{W1} 实验模板内部已调试好（$R_{W1}+R_1=100\Omega$），面板上的 R_{W1} 已无效不起作用；R_{W2} 为放大器的增益电位器；R_{W3} 为放大器电平移动（调零）电位器；ab 传感器符号（<）接热电偶（K 热电偶或 E 热电偶）；双圈符号接 AD590 集成温度传感器；R_t 接热电阻（Pt100 铂电阻或 Cu50 铜电阻）。具体接线参照具体实验。

10.18.4　实验步骤

（1）温度传感器实验模板放大器调零。按图 10.18.3 示意接线。将主机箱上的电压表量程切换开关打到 2V 档，检查接线无误后合上主机箱电源开关，调节温度传感器实验模板中的 R_{W2}（增益电位器）顺时针转到底，再调节 R_{W3}（调零电位器）使主机箱的电压表显示为 0（零位调好后 R_{W3} 电位器旋钮位置不要改动）。关闭主机箱电源。

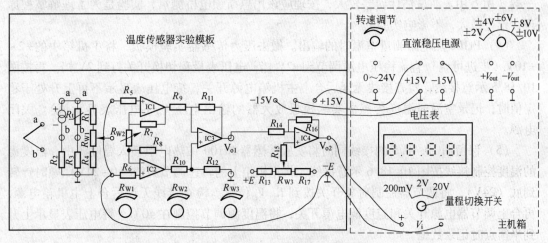

图 10.18.3　温度传感器实验模板放大器调零接线示意图

（2）调节温度传感器实验模板放大器的增益 K 为 10 倍。利用压力传感器实验模板的零位偏移电压作为温度实验模板放大器的输入信号，来确定温度实验模板放大器的增益 K。按图 10.18.4 示意接线，检查接线无误后（尤其要注意实验模板的工作电源±15V），合上主机箱电源开关，调节压力传感器实验模板上的 R_{W2}（调零电位器），使压力传感器实验模板中的放大器输出电压为 0.020V（用主机箱电压表测量）；再将 0.020V 电压输入到温度传感器实验模板的放大器中，调节温度传感器实验模板中的增益电位器 R_{W2}（注意：不要误碰调零电位器 R_{W3}），使温度传感器实验模板放大器的输出电压为 0.200V（增益调好后 R_{W2} 电位器旋钮位置不要改动）。关闭电源。

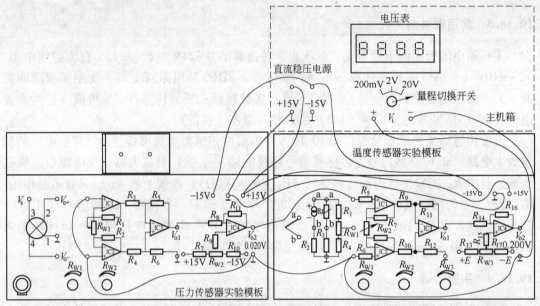

图 10.18.4　调节温度实验模板放大器增益 K 接线示意图

（3）用万用表 200 欧姆档测量并记录 Pt100 热电阻在室温时的电阻值（不要用手抓捏传感器测温端，放在桌面上），三根引线中同色线为热电阻的一端，异色线为热电阻的另一端（用万用表油量估计误差较大，按理应该用惠斯顿电桥测量，实验是为了理解掌握原理，误差稍大，不影响实验）。

（4）Pt100 热电阻测量室温时的输出。撤去压力传感器实验模板，将主机箱中的±2~±10V（步进可调）直流稳压电源调节到±2V 档；电压表量程切换开关打到 2V 档。再按图 10.18.5 示意接线，检查接线无误后合上主机箱电源开关，待电压表显示不再上升处于稳定值时，记录室温时温度传感器实验模板放大器的输出电压 V_o（电压表显示值）。关闭电源。

（5）保留图 10.18.5 的接线同时将实验传感器 Pt100 铂热电阻插入温度源中，温度源的温度控制接线按图 10.18.6 示意接线。将主机箱上的转速调节旋钮（0~24V）顺时针转到底（24V），将调节器控制对象开关拨到 $R_t、V_i$ 位置。检查接线无误后合上主机箱电源，再合上调节器电源开关和温度源电源开关，将温度源调节控制在 40℃，待电压表显示上升到平衡点时记录数据。

（6）温度源的温度在 40℃ 的基础上，可按 $\Delta t = 10℃$（温度源在 40~160℃ 范围内）增

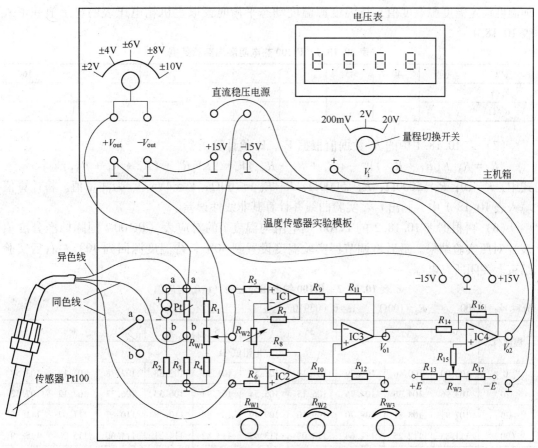

图 10.18.5　Pt100 热电阻测量室温时接线示意图

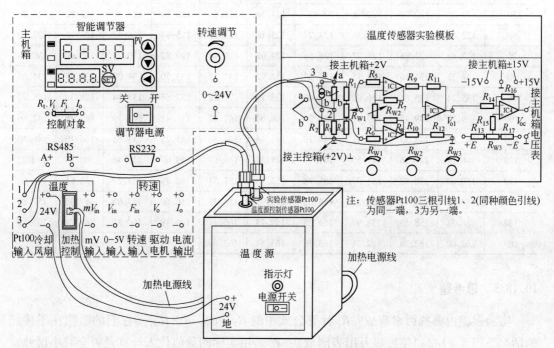

图 10.18.6　Pt100 铂电阻测温特性实验接线示意图

加温度设定温度源温度值，待温度源温度动态平衡时读取主机箱电压表的显示值并填入表 10.18.1。

表 10.18.1　Pt100 热电阻测温实验数据

$t/℃$	室温	40	45	$\cdots$			160
V_o/V				$\cdots$			
R_t/Ω				$\cdots$			

（7）表 10.18.1 中的 R_t 数据值根据 V_o、V_c 值计算：

$$R_t = R_3 \left[K(R_1 + R_{W1})V_c - (R_4 + R_1 + R_{W1})V_o \right] / \left[KV_c R_4 + (R_4 + R_1 + R_{W1})V_o \right]$$

式中，$K = 10$；$R_3 = 5000\Omega$；$R_4 = 5000\Omega$；$R_1 + R_{W1} = 100\Omega$；$V_c = 4V$；V_o 为测量值。将计算值填入表 10.18.1 中，画出 t-R_t 实验曲线并计算其非线性误差。

（8）再根据表 10.18.2 的 Pt100 热电阻与温度 t 的对应表（Pt100-t 国际标准分度值表）对照实验结果。最后将调节器实验温度设置到 40℃，待温度源回到 40℃ 左右后实验结束。关闭所有电源。

表 10.18.2　Pt100 铂电阻分度表（t-R_t 对应值）

分度号：Pt100　　　$R_o = 100\Omega$　　　$\alpha = 0.003910$

温度/℃	0	1	2	3	4	5	6	7	8	9
	电阻值/Ω									
0	100.00	100.40	100.79	101.19	101.59	101.98	102.38	102.78	103.17	103.57
10	103.96	104.36	104.75	105.15	105.54	105.94	106.33	106.73	107.12	107.52
20	107.91	108.31	108.70	109.10	109.49	109.88	110.28	110.67	111.07	111.46
30	111.85	112.25	112.64	113.03	113.43	113.82	114.21	114.60	115.00	115.39
40	115.78	116.17	116.57	116.96	117.35	117.74	118.13	118.52	118.91	119.31
50	119.70	120.09	120.48	120.87	121.26	121.65	122.04	122.43	122.82	123.21
60	123.60	123.99	124.38	124.77	125.16	125.55	125.94	126.33	126.72	127.10
70	127.49	127.88	128.27	128.66	129.05	129.44	129.82	130.21	130.60	130.99
80	131.37	131.76	132.15	132.54	132.92	133.31	133.70	134.08	134.47	134.86
90	135.24	135.63	136.02	136.40	136.79	137.17	137.56	137.94	138.33	138.72
100	139.10	139.49	139.87	140.26	140.64	141.02	141.41	141.79	142.18	142.66
110	142.95	143.33	143.71	144.10	144.48	144.86	145.25	145.63	146.10	146.40
120	146.78	147.16	147.55	147.93	148.31	148.69	149.07	149.46	149.84	150.22
130	150.60	150.98	151.37	151.75	152.13	152.51	152.89	153.27	153.65	154.03
140	154.41	154.79	155.17	155.55	155.93	156.31	156.69	157.07	157.45	157.83
150	158.21	158.59	158.97	159.35	159.73	160.11	160.49	160.86	161.24	161.62
160	162.00	162.38	162.76	163.13	163.51	163.89				

10.18.5　思考题

实验误差由哪些因素造成？R_t 计算公式中的 R_3、R_4、$R_1 + R_{W1}$（它们的阻值在不接线的情况下用 4（1/2）位数显万用表测量）、V_c 若用实际测量值代入计算是否会减小误差？

11 单片机原理及应用

11.1 清 零 程 序

11.1.1 实验目的

掌握汇编语言设计和调试方法。

11.1.2 原理框图实验程序

实验原理框图如图 11.1.1 所示，程序如下：

```
ORG 0030H
CLEAR: MOV R0, #00H
    MOV DPTR, #7000H
CLEAR1: CLR A
    MOVX @ DPTR, A
    INC DPTR
    INC R0
    CJNE R0, #00H, CLEAR1
    SJMP CLEAR
END
```

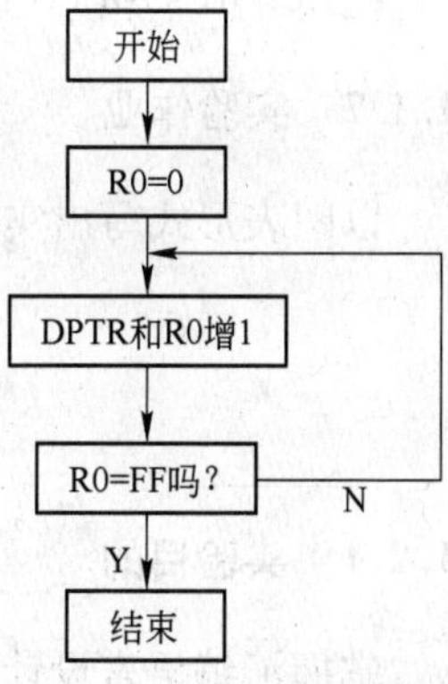

图 11.1.1 清零程序流程图

11.1.3 实验材料

DVCC 仿真机、PC 机。

11.1.4 注意事项

（1）存储器读写键为 MEM，退出键为 MON。
（2）程序编写完成后要保存，然后编译传送文件。
（3）串行通信口是否连接好：检查 DVCC 和 PC 的串行口。
（4）若出现机器问题，要有耐心仔细检查接线。
（5）由于机器的反应慢，所以要耐心等待结果或再运行一次也可。

11.1.5 实验内容与步骤

（1）当 DVCC 单片机仿真实验系统独立工作时：

1）将固化区 EPROM 中实验程序传到仿真区，按键如下：0，F1，0FFF，F2，0，EP-MOV；

2）按下 F2 出现 P……为正常，输入 0030H 即可运行清零程序；

3）用存储器读写法检查 7000H~70FFH 中的内容。

（2）当 DVCC 仿真实验系统连接 PC 机时：

1）在 P……状态，按 PCDBG 键；

2）启动 DVCC；

3）系统选项设定仿真模式为内程序、外数据；

4）连接 DVCC 仿真实验系统；

5）装载目标文件；

6）设置 PC 的起始地址；

7）连续运行。

11.1.6 问题思考

把 7000H~70FFH 的内容置为 0FFH 如何修改程序，使用 DJNZ 指令修改程序？

11.1.7 实验作业

以图表形式写出实验结果。

11.2 拆字程序

11.2.1 实验目的

掌握汇编语言设计和调试方法。

11.2.2 原理框图及实验程序

实验原理框图如图 11.2.1 所示，程序如下：

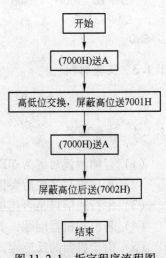

图 11.2.1 拆字程序流程图

```
ORG 0050H
CWORD: MOV DPTR, #7000H
       MOVX A, @DPTR
       MOV B, A
       SWAP A
       ANL A, #0FH
       INC DPTR
       MOVX @DPTR, A
       INC DPTR
       MOV A, B
       ANL A, #0FH
       MOVX @DPTR, A
CWORD1: SJMP CWORD1
END
```

11.2.3 实验材料

DVCC 仿真机、PC 机。

11.2.4 注意事项

（1）存储器读写键为 MEM，退出键为 MON。
（2）程序编写完成后要保存，然后编译传送文件。
（3）改变 7000H 单元的内容再观察结果。
（4）系统选项设定仿真模式为内程序、外数据。

11.2.5 实验内容与步骤

（1）用存储器读写法检查 7000H 单元内容置成 34H。
（2）用单步、断点、连续运行程序的方法从起始地址 0050H 开始运行程序。
（3）按 MON 键或复位键退出。
（4）检查 7001H 和 7002H 单元的内容。

11.2.6 问题思考

如何查看及修改某存储单元的内容将 7001H 和 7002H 单元的内容拼成 700H 单元的内容，程序如何修改？

11.2.7 实验作业

（1）以图表形式写出实验结果。
（2）有兴趣的同学可试着编写拼字程序，即为拆字的逆过程。

11.3 分 支 程 序

11.3.1 实验目的

掌握汇编语言设计和调试方法。

11.3.2 实验原理

实验原理如图 11.3.1 及下式所示：

$$Y = \begin{cases} +1, & \text{当 } X > 0 \\ 0, & \text{当 } X = 0 \\ -1, & \text{当 } X < 0 \end{cases}$$

11.3.3 实验材料

DVCC 仿真机、PC 机。

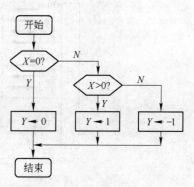

图 11.3.1　分支程序流程图

11.3.4 注意事项

（1）存储器读写键为 MEM，退出键为 MON。

（2）程序编写完成后要保存，然后编译传送文件。

（3）系统选项设定仿真模式为内程序、外数据。

11.3.5 实验内容步骤

根据流程图编写程序并反复调试。

11.3.6 问题思考

实现上述目的，可采用几种指令？

11.3.7 实验作业

写出程序，并注释。

11.4　P3.3 口、P1 口简单使用

11.4.1 实验目的

（1）掌握 P3.3 口、P1 口简单使用。

（2）学习延时程序的编写和使用。

11.4.2 原理框图及实验程序

实验原理框图如图 11.4.1 所示，程序流程图如图 11.4.2 所示。

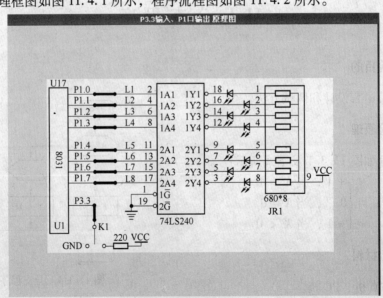

图 11.4.1　实验原理图

代码如下：

```
ORG 0540h
HA1S：MOV A，#00H
HA1S1：JB P3.3，HA1S1
        MOV R2，#20H
        LCALL DELAY
        JB P3.3，HA1S1
HA1S2：JNB P3.3，HA1S2
        MOV R2，#20H
        LCALL DELAY
        JNB P3.3，HA1S2
        INC A
        PUSH ACC
        CPL A
        MOV P1，A
        POP ACC
        AJMP HA1S1
DELAY：PUSH 02H
DELAY1：PUSH 02H
DELAY2：PUSH 02H
DELAY3：DJNZ R2，DELAY3
        POP 02H
        DJNZ R2，DELAY2
        POP 02H
        DJNZ R2，DELAY1
        POP 02H
        DJNZ R2，DELAY
        RET
END
```

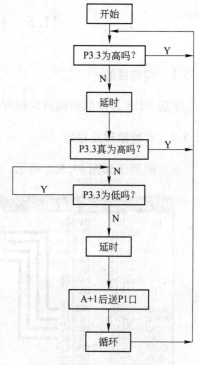

图 11.4.2　程序流程图

11.4.3　实验材料

DVCC 仿真机、PC 机、导线。

11.4.4　注意事项

注意 P1 口的初始状态不同，程序相应也不同。

11.4.5　实验内容与步骤

（1）P3.3 用插针连至 K1，P1.0~P1.7 用插针连至 L1~L8。

（2）从起始地址 0540H 开始连续运行程序（输入 0540 后按 EXEC 键）。

（3）开关 K1 每拨动一次，L1~L8 发光二极管按 16 进制方式加一点亮。

11.4.6　实验作业

延时的时间是多少？写出实验结果。

11.5　并行 I/O 口 8255 的扩展

11.5.1　实验目的

了解 8255 芯片的结构及编程方法，学习模拟交通灯控制的实现方法。

11.5.2　实验原理及程序

实验原理图如图 11.5.1 所示。

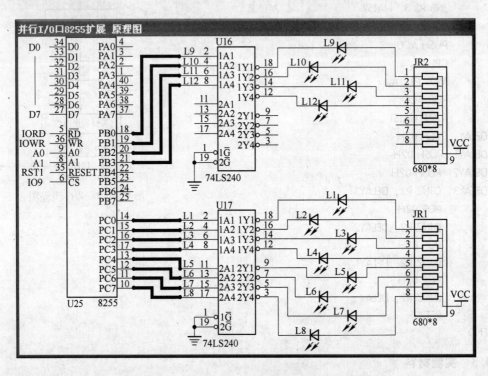

图 11.5.1　并行 I/O 口 8255 的扩展实验原理图

程序如下：

```
ORG 0630H
HA4S: MOV SP, #60H
      MOV DPTR, #0FF2BH
      MOV A, #80H
      MOVX @ DPTR, A
      MOV DPTR, #0FF29H
      MOV A, #49H
      MOVX @ DPTR, A
      INC DPTR
      MOV A, #49H
```

```
              MOVX @ DPTR, A
              MOV R2, #25H
              LCALL DELAY
HA4S3: MOV DPTR, #0FF29H
              MOV A, #08H
              MOVX @ DPTR, A
              INC DPTR
              MOV A, #61H
              MOVX @ DPTR, A
              MOV R2, #55H
              LCALL DELAY
              MOV R7, #05H
HA4S1: MOV DPTR, #0FF29H
              MOV A, #04H
              MOVX @ DPTR, A
              INC DPTR
              MOV A, #51H
              MOVX @ DPTR, A
              MOV R2, #20H
              LCALL DELAY
              MOV DPTR, #0FF29H
              MOV A, #00H
              MOVX @ DPTR, A
              INC DPTR
              MOV A, #41H
              MOVX @ DPTR, A
              MOV R2, #20H
              LCALL DELAY
              DJNZ R7, HA4S1
              MOV DPTR, #0FF29H
              MOV A, #03H
              MOVX @ DPTR, A
              INC DPTR
              MOV A, #0cH
              MOVX @ DPTR, A
              MOV R2, #55H
              LCALL DELAY
              MOV R7, #05H
HA4S2: MOV DPTR, #0FF29H
              MOV A, #02H
              MOVX @ DPTR, A
              INC DPTR
              MOV A, #8AH
```

```
            MOVX @ DPTR, A
            MOV R2, #20H
            LCALL DELAY
            MOV DPTR, #0FF29H
            MOV A, #02H
            MOVX @ DPTR, A
            INC DPTR
            MOV A, #08H
            MOVX @ DPTR, A
            MOV R2, #20H
            LCALL DELAY
            DJNZ R7, HA4S2
            LJMP HA4S3
DELAY：     PUSH 02H
DELAY1：    PUSH 02H
DELAY2：    PUSH 02H
DELAY3：    DJNZ R2, DELAY3
            POP 02H
            DJNZ R2, DELAY2
            POP 02H
            DJNZ R2, DELAY1
            POP 02H
            DJNZ R2, DELAY
            RET
        END
```

11.5.3　实验材料

DVCC 仿真机、PC 机、导线。

11.5.4　注意事项

因为本实验是交通灯控制实验，所以要先了解实际交通灯的变化情况和规律。假设一个十字路口为东西南北走向。初始状态 0 为东西红灯，南北红灯。然后转状态 1 东西绿灯通车，南北红灯。过一段时间转状态 2，东西绿灯灭，黄灯闪烁几次，南北仍然红灯。再转状态 3，南北绿灯通车，东西红灯。过一段时间转状态 4，南北绿灯灭，闪几次黄灯，延时几秒，东西仍然红灯。最后循环至状态 1。

11.5.5　实验内容与步骤

用 8255 做输出口，控制 12 个发光二极管燃灭，模拟交通灯管理步骤如下：

（1）8255 PC0～PC7、PB0～PB3 依次接发光二极管 L1～L12。

（2）以连续方式从 0630H 开始执行程序，初始态为四个路口的红灯全亮之后，东西路口的绿灯亮南北路口的红灯亮，东西路口方向通车。延时一段时间后东西路口的绿灯熄灭，黄灯开始闪烁。闪烁若干次后，东西路口红灯亮，而同时南北路口的绿灯亮，南北路口方向开始通车，延时一段时间后，南北路口的绿灯熄灭，黄灯开始闪烁。闪烁若干次后，再切换到东西路口方向，之后重复以上过程。

11.5.6 实验作业

以图表形式写出实验结果。若改用 8155 做输出口硬件与软件如何修改？

11.6 双机通信实验

11.6.1 实验目的

（1）掌握串行口工作方式的程序设计，掌握单片机通信程序编制方法。
（2）了解实现串行通信的硬环境，数据格式的协议，数据交换的协议。
（3）了解双机通信的基本要求。

11.6.2 实验原理及程序

实验原理如图 11.6.1 所示。

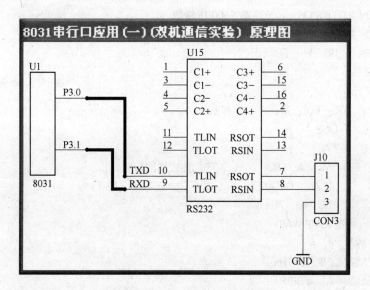

图 11.6.1 双机通信实验原理图

程序如下（系统晶振是 6.0MHz）：

```
ORG 0E30H
START: MOV SP, #60H
       MOV A, #02H
       MOV R0, #79H
       MOV@ R0, A
       INC R0
```

```
            MOV A, #10H
            MOV @R0, A
            INC R0
            MOV A, #01H
            MOV @R0, A
            INC R0
            MOV A, #03H
            MOV @R0, A
            INC R0
            MOV A, #00H
            MOV @R0, A
            INC R0
            MOV A, #08H
            MOV @R0, A
            MOV A, #7EH
            MOV DPTR, #1FFFH
            MOVX @DPTR, A
            MOV SCON, #50H    ; 串口 方式 1
            MOV TMOD, #20H    ; T1 方式 1
            MOV TL1, #0CCH    ; 波特率 9600 的常数
            MOV TH1, #0CCH
            SETB    TR1       ; 开中断
            CLR ET1
            CLR ES
WAIT：   JBC R1, DIS_ REC；是否接收到数据
            LCALL    DISP      ;
            SJMP     WAIT      ;
            DIS_ REC：MOV A, SBUF      ; 读串口接收到的数据
                     LCALL   DATAKEY    ; 显示输入的数字（0~F）
                     DB 79H, 7EH
                     AJMP WAIT
DATAKEY：MOV R4, A
            MOV DPTR, #1FFFH
            MOVX A, @DPTR
            MOV R1, A
            MOV A, R4
            MOV @R1, A
            CLR A
            POP 83H
            POP 82H
            MOVC A, @A+DPTR
            INC DPTR
            CJNE A, 01H, DATAKEY2
```

```
                DEC R1
                CLR A
                MOVC A, @A+DPTR
DATAKEY1: PUSH 82H
                PUSH 83H
                MOV DPTR, #1FFFH
                MOVX @DPTR, A
                POP 83H
                POP 82H
                INC DPTR
                PUSH 82H
                PUSH 83H
                RET
DATAKEY2: DEC R1
                MOV A, R1
                SJMP DATAKEY1


DISP: SETB 0D4H
        MOV R1, #7EH
        MOV R2, #20H
        MOV R3, #00H
DISP1:
        MOV DPTR, #DATACO
        MOV A, @R1
        MOVC A, @A+DPTR
        MOV DPTR, #0FF22H
        MOVX @DPTR, A
        MOV DPTR, #0FF21H
        MOV A, R2
        MOVX @DPTR, A
        LCALL DELAY
        DEC R1
        CLR C
        MOV A, R2
        RRC A
        MOV R2, A
        JNZ DISP1
        CLR 0D4H
        RET
DELAY: MOV R7, #03H
DELAY0: MOV R6, #0FFH
DELAY1: DJNZ R6, DELAY1
        DJNZ R7, DELAY0
```

```
                RET
DATACO：DB 0C0H, 0F9H, 0A4H, 0B0H, 99H, 92H, 82H, 0F8H, 80H, 90H
        DB 88H, 83H, 0C6H, 0A1H, 86H, 8EH, 0BFH, 0CH, 89H, 0DEH
END
```

11.6.3　实验材料

DVCC 仿真机、PC 机、导线。

11.6.4　注意事项

双机一定要共地。

11.6.5　实验内容与步骤

实验内容：（1）利用 8031 单片机串行口，实现双机通信。（2）本实验实现以下功能，将 1 号实验机键盘上键入的数字、字母显示到 2 号机的数码管上。

实验步骤：

（1）按图连好线路。

（2）在 DVCC 实验系统处于"P."状态下。

（3）1 号机输入四位起始地址 0D00 后，按 EXEC 键连续运行程序。

（4）2 号机输入四位起始地址 0E30 后，按 EXEC 键连续运行程序。

（5）从 1 号机上的键盘输入数字键，会显示在 2 号机的数码管上。

11.6.6　实验作业

以图表形式写出实验结果。若串行口工作方式采用其他方式程序如何修改？

11.7　A/D 转换实验

11.7.1　实验目的

（1）掌握 A/D 转换与单片机的接口方法。

（2）了解 A/D 芯片 0809 转换性能及编程方法。

（3）通过实验了解单片机如何进行数据采集。

11.7.2　实验原理及应用

实验原理如图 11.7.1 所示。

程序如下：

```
ORG 06D0H
START：MOV A, #00H
       MOV DPTR, #9000H
       MOVX @ DPTR, A
       MOV A, #00H
```

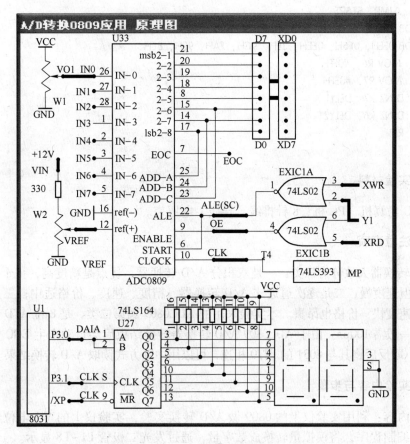

图 11.7.1 A/D 转换实验原理图

```
            MOV SBUF, A
            MOV SBUF, A
            MOVX A, @ DPTR
DISP:       MOV R0, A
            ANL A, #0FH
LP:         MOV DPTR, #TAB
            MOVC A, @ A+DPTR
            MOV SBUF, A
            MOV R7, #0FH
H55S:       DJNZ R7, H55S
            MOV A, R0
            SWAP A
            ANL A, #0FH
            MOVC A, @ A+DPTR
            MOV SBUF, A
            MOV R7, #0FH
H55S1:      DJNZ R7, H55S1
            LCALL DELAY
```

```
        AJMP    START
TAB: DB 0FCH, 60H, 0DAH, 0F2H, 66H, 0B6H, 0BEH, 0E0H
        DB 0FEH, 0F6H, 0EEH, 3EH, 9CH, 7AH, 9EH, 8EH
DELAY：MOV R6, #0FFH
DELY2：MOV R7, #0FFH
DELY1：DJNZ R7, DELY1
        DJNZ R6, DELY2
        RET
END
```

11.7.3　实验材料

DVCC 仿真机、PC 机、8 针排线、导线、电压表。

11.7.4　注意事项

A/D 转换器大致分为三类：一是双积分 A/D 转换器，优点是精度高，抗干扰性好，价格便宜，但速度慢；二是逐次逼近式 A/D 转换器，精度、速度、价格适中；三是并行 A/D 转换器，速度快，价格也昂贵。本实验采用的 ADC0809 属第二类，是 8 位 A/D 转换器。每采集一次一般需 $100\mu s$。由于 ADC0809 A/D 转换器转换结束后会自动产生 EOC 信号（高电平有效），取反后将其与 8031 的 INT0 相连，可以用中断方式读取 A/D 转换结果。

11.7.5　实验内容与步骤

实验内容：利用实验仪上的 0809 做 A/D 转换实验，实验仪上的 W1 电位器提供模拟量输入。编制程序，将模拟量转换成数字量，通过发光二极管 L1～L8 显示。

实验步骤如下：

（1）把 A/D 区 0809 的 0 通道 IN0 用插针接至 W1 的中心抽头 V01 插孔（0～5V）。

（2）0809 的 CLK 插孔与分频输出端 T4 相连。

（3）将 W2 的输入 VIN 接+12V 插孔，+12V 插孔再连到外置电源的+12 上（电源内置时，该线已连好）。调节 W2，使 VREF 端为+5V。

（4）将 A/D 区的 VREF 连到 W2 的输出 VREF 端。

（5）EXIC1 上插上 74LS02 芯片，将有关线路按图连好。

（6）将 A/D 区 D0-D7 用排线与 BUS1 区 XD0-XD7 相连。

（7）将 BUS3 区 P3.0 用连到数码管显示区 DATA 插孔。

（8）将 BUS3 区 P3.1 用连到数码管显示区 CLK 插孔。

（9）单脉冲发生/SP 插孔连到数码管显示区 CLR 插孔。

（10）仿真实验系统在"P."状态下。

（11）以连续方式从起始地址 06D0 运行程序，在数码管上显示当前采集的电压值转换后的数字量，调节 W1 数码管显示将随着电压变化而相应变化，典型值为 0V-00H，2.5V-80H，5V-FFH。

11.7.6　问题思考

单片机与 0809 的接口电路改为中断，如何修改硬件连接与程序？

11.7.7 实验作业

以图表形式写出实验结果。

11.8 D/A 转换实验

11.8.1 实验目的

（1）了解 D/A 转换与单片机的接口方法。

（2）了解 D/A 转换芯片 0832 的性能及编程方法。

（3）了解单片机系统中扩展 D/A 转换芯片的基本方法。

11.8.2 实验原理及程序

实验原理如图 11.8.1 所示。

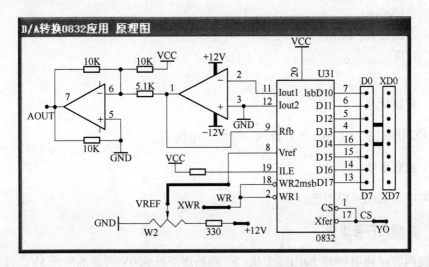

图 11.8.1 D/A 转换实验原理图

程序如下：

```
ORG 0740H
HA6S: MOV SP, #53H
HA6S1: MOV R6, #00H
HA6S2: MOV DPTR, #8000H
       MOV A, R6
       MOVX @ DPTR, A
       MOV R2, #0BH
       LCALL DELAY
       INC R6
       CJNE R6, #0FFH, HA6S2
```

```
HA6S3： MOV DPTR，#8000H
        DEC R6
        MOV A，R6
        MOVX @DPTR，A
        MOV R2，#0BH
        LCALL DELAY
        CJNE R6，#00H，HA6S3
        SJMP HA6S1
DELAY： PUSH 02H
DELAY1： PUSH 02H
DELAY2： PUSH 02H
DELAY3： DJNZ R2，DELAY3
        POP 02H
        DJNZ R2，DELAY2
        POP 02H
        DJNZ R2，DELAY1
        POP 02H
        DJNZ R2，DELAY
        RET
        END
```

11.8.3　实验材料

DVCC 仿真机、PC 机、8 针排线、导线、电压表。

11.8.4　注意事项

参考电源的配置要正确。

11.8.5　实验内容与步骤

实验内容：利用 0832 输出一个从 -5V 开始逐渐升到 0V 再逐渐升至 5V，再从 5V 逐渐降至 0V，再降至 -5V 的锯齿波电压。

实验步骤：

（1）把 D/A 区 0832 片选 CS 信号线接至译码输出插孔 Y0。

（2）将 +12V 插孔、-12V 插孔通过导线连到外置电源上，如果电源内置时，则 +12V＼，-12V 电源已连好。

（3）将 D/A 区 WR 插孔连到 BUS3 区 XWR 插孔。

（4）将电位器 W2 的输出 VREF 连到 D/A 区的 VREF 上，电位器 W2 的输 VIN 连到 +12V 插孔，调节 W2 使 VREF 为 +5V。

（5）用 8 芯排线将 D/A 区 D0~D7 与 BUS2 区 XD0~XD7 相连。

（6）在 "P." 状态下，从起始地址 0740H 开始连续运行程序（输入 0740 后按 EXEC 键）。

（7）用万用表或示波器测 D/A 输出端 AOUT，应能测出不断加大和减小的电压值。

11.8.6 实验作业

如何减少测量误差？以图表形式写出实验结果。

11.9 串并转换实验

11.9.1 实验目的

（1）掌握 8031 串行口方式 0 工作方式及编程方法。
（2）掌握利用串行口扩展 I/O 通道的方法。

11.9.2 实验原理及程序

实验原理如图 11.9.1 所示。

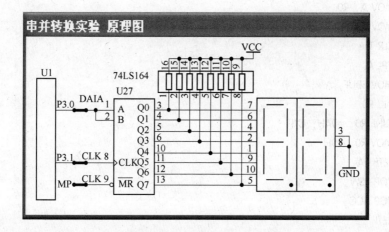

图 11.9.1　串并转换实验原理图

程序如下：

```
TIMER   EQU 01H
        ORG 000BH
        AJMP INT_ T0
        ORG 0790H
START：MOV SP, #53H
        MOV TMOD, #01H
        MOV TL0, #00H
        MOV TH0, #4BH
        MOV R0, #0H
        MOV TIMER, #20
        MOV SCON, #00H
        CLR TI
        CLR RI
```

```
              SETB TR0
              SETB ET0
              SETB EA
              SJMP  $
   INT_ T0 : PUSH ACC
              PUSH PSW
              CLR EA
              CLR TR0
              MOV TL0, #0H
              MOV TH0, #4BH
              SETB TR0
              DJNZ TIMER, EXIT
              MOV TIMER, #20
              MOV DPTR, #CDATA
              MOV A, R0
              MOVC A, @ A+DPTR
              CLR TI
              CPL A
              MOV SBUF, A
              INC R0
              CJNE R0, #0AH, EXIT
              MOV R0, #0H
   EXIT :    SETB EA
              POP PSW
              POP ACC
              RETI
   CDATA: DB 03H, 9FH, 25H, 0DH, 99H, 49H, 41H, 1FH, 01H, 09H
   END
```

11.9.3 实验材料

DVCC 仿真机、PC 机、导线。

11.9.4 注意事项

实际接线时只有一个数码管。

11.9.5 实验内容与步骤

实验内容：利用 0831 串行口和串行输入并行输出移位寄存器 74LS164，扩展一个 8 位输出通道，用于驱动一个数码显示器，在数码显示器上循环显示从 8031 串行口输出的 0~9 这 10 个数字。

实验步骤：

(1) 将 S/P 区 DATA 插孔接 BUS 3 区 P3.0（RXD）插孔。

（2）将 S/P 区 CLK 插孔接 BUS 3 区 P3.1（TXD）插孔。

（3）将 S/P 区 CLR 插孔接 MP 区 /SP 插孔，上电时对 164 复位。

（4）在 DVCC 系统处于仿真 1 状态即"P."状态下，将地址 000B 内容改为 E1B1，作为定时器 0 的入口地址。

（5）将状态切换为"P."状态，从地址 0790H 开始连续执行程序。

（6）在扩展的一位数码管上循环显示 0~9 这 10 个数字。

11.9.6　实验作业

以图表形式写出实验结果。若要扩展两个 8 位并行输出口如何修改硬件连接与软件编程？

11.10　工业顺序控制实验

11.10.1　实验目的

掌握工业顺序控制程序的简单编程，中断的使用。

11.10.2　实验原理及程序

实验原理如图 11.10.1 所示。

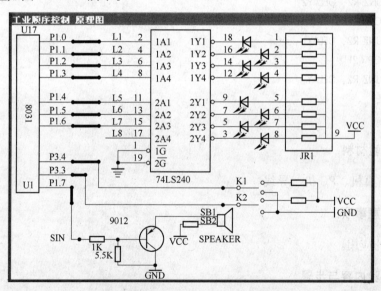

图 11.10.1　工业顺序控制实验原理图

程序如下：

```
ORG 0013H
LJMP HA2S3
ORG 0580H
HA2S: MOV P1, #07FH
```

```
         ORL P3, #00H
HA2S1: JNB P3.4, HA2S1
         ORL IE, #84H
         MOV PSW, #00H
         ORL IP, #04H
         MOV SP, #53H
HA2S2: MOV P1, #07EH
         ACALL HA2S7
         MOV P1, #07DH
HA2S6: MOV R2, #06H
         ACALL DELAY
         RET
HA2S7: MOV R2, #30H
         ACALL DELAY
         RET
DELAY: PUSH 02H
DELAY1: PUSH 02H
DELAY2: PUSH 02H
DELAY3: DJNZ R2, DELAY3
         POP 02H
         DJNZ R2, DELAY2
         POP 02H
         DJNZ R2, DELAY1
         POP 02H
         DJNZ R2, DELAY
         RET
         END
```

11.10.3 实验材料

DVCC 仿真机、PC 机、导线。

11.10.4 注意事项

伪指令的应用。

11.10.5 实验内容与步骤

实验内容：8032 的 P1.0~P1.6 控制注塑机的七道工序，现模拟控制七只发光二极管的点亮，高电平有效，设定每道工序时间转换为延时，P3.4 为开工启动开关，低电平启动。P3.3 为外故障输入模拟开关，P3.3 为 0 时不断报警。P1.7 为报警声音输出，设定 6 道工序只有一位输出，第七道工序三位有输出。

实验步骤：

（1）P3.4 连 K1，P3.2 连 K2，P1.0~P1.6 分别连到 L1~L7，P1.7 连 SIN（电子音响

输入端）。

（2）K1 开关拨在上面，K2 拨在上面。

（3）用连续方式从起始地址 0580H 开始运行程序（输入 0580 后按 EXEC 键），此时应在等待开工状态。

（4）K1 拨至下面（显低电平），各道工序应正常运行。

（5）K2 拨至下面（低电平），应有声音报警（人为设置故障）。

（6）K2 拨至上面（高电平），即排除故障，程序应从刚才报警的那道工序继续执行。

11.10.6　实验作业

若每道工序的时间不同程序如何修改？写出实验结果。

11.11　简单 I/O 口输入、输出扩展内容

11.11.1　实验目的

学习在单片机系统中扩展简单 I/O 口的基本方法。

11.11.2　实验原理及程序

实验原理如图 11.11.1 所示。

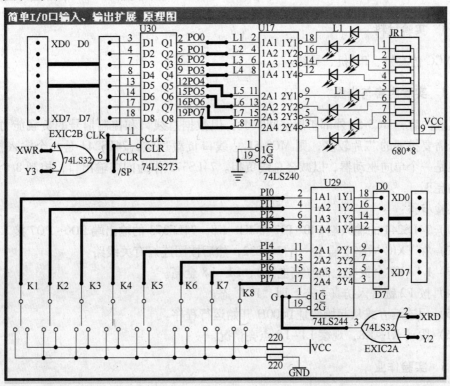

图 11.11.1　简单 I/O 口输入、输出扩展实验原理图

程序如下：

```
ORG 0600H
HA3S: MOV DPTR, #0A000H
       MOVX A, @DPTR
       MOV DPTR, #0B000H
       MOVX @DPTR, A
       MOV R2, #20H
       ACALL DELAY
       SJMP HA3S
DELAY: PUSH 02H
DELAY1: PUSH 02H
DELAY2: PUSH 02H
DELAY3: DJNZ R2, DELAY3
       POP 02H
       DJNZ R2, DELAY2
       POP 02H
       DJNZ R2, DELAY1
       POP 02H
       DJNZ R2, DELAY
       RET
END
```

11.11.3　实验材料

DVCC 仿真机、PC 机、导线。

11.11.4　实验内容与步骤

实验内容：MCS-51 外部扩展空间很大，但数据总线口和控制信号的负载能力是有限的，若需要扩展的芯片较多，则 MCS-51 总线口负载过重，74LS244 是一个输入扩展口，同时也是一个单向驱动器，以减轻总线负担。74LS373 作为同向输出口，控制 8 个发光二极管的亮灭。

实验步骤：

（1）74LS244 的输入端 PI0~PI7 接 K1~K8，74LS373 的输出端 PO0~PO7 接 L1~L8。

（2）在 EXIC 插座上插上一片 74LS32，然后按图连好有关线路。

（3）K1~K7 全拨在上面（高电平），L1~L8 全亮。

（4）按 F2 键进入仿真 1 态，即 "P." 态。

（5）用连续方式从起始地址 0600H 开始运行程序。

（6）拨动 K1~K8，观察 L1~L8 点亮情况。

11.11.5　实验作业

74LS244 的作用可否换成其他芯片？并说明理由。以图表形式写出实验结果。

11.12 步进电机控制

11.12.1 实验目的

（1）了解步进电机控制的基本原理。

（2）掌握步进电机转动编程方法。

11.12.2 实验原理及程序

实验原理如图 11.12.1 所示。

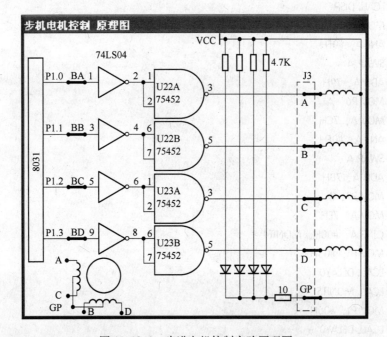

图 11.12.1 步进电机控制实验原理图

程序如下：

```
ORG 0A30H
MONIT: MOV SP, #50H
       MOV 7EH, #00H
       MOV 7DH, #02H
       MOV R0, #7CH
       MOV A, #08H
       MOV R4, #04H
MONIT1: MOV @R0, A
        DEC R0
        DJNZ R4, MONIT1
        MOV A, #7EH
```

```
            MOV DPTR, #1FFFH        ; DISPFLAG
            MOVX @ DPTR, A
            MOV 76H, #00H
            MOV 77H, #00H
KEYDISP0: LCALL KEY
            JC DATAKEY
            AJMP MONIT2
DATAKEY: LCALL DATAKEY1
            DB 79H, 7EH
            SJMP KEYDISP0
MONIT2: CJNE A, #16H, KEYDISP0
            LCALL DISP
            MOV A, 7AH
            ANL A, #0FH
            SWAP A
            ADD A, 79H
            MOV R6, A
            MOV A, 7CH
            ANL A, #0FH
            SWAP A
            ADD A, 7BH
            MOV R7, A
            MOV A, 7EH
            CJNE A, #00H, MONIT4
MONIT3: MOV P1, #03H
            LCALL DELAY0
            LCALL MONIT5
            MOV P1, #06H
            LCALL DELAY0
            LCALL MONIT5
            MOV P1, #0CH
            LCALL DELAY0
            LCALL MONIT5
            MOV P1, #09H
            LCALL DELAY0
            LCALL MONIT5
            SJMP MONIT3
MONIT4: MOV P1, #09H
            LCALL DELAY0
            LCALL MONIT5
            MOV P1, #0CH
            LCALL DELAY0
            LCALL MONIT5
```

```
                MOV P1, #06H
                LCALL DELAY0
                LCALL MONIT5
                MOV P1, #03H
                LCALL DELAY0
                LCALL MONIT5
                SJMP MONIT4
        MONIT5: DEC R6
                CJNE R6, #0FFH, MONIT6
                DEC R7
                CJNE R7, #0FFH, MONIT6
                LJMP MONIT
        MONIT6: LCALL MONIT7
                RET
        MONIT7: MOV R0, #79H
                MOV A, R6
                LCALL MONIT8
                MOV A, R7
                LCALL MONIT8
                LCALL DISP
                RET
        MONIT8: MOV R1, A
                ACALL MONIT9
                MOV A, R1
                SWAP A
        MONIT9: ANL A, #0FH
                MOV @R0, A
                INC R0
                RET
        DELAY0: MOV R0, #7DH
                MOV A, @R0
                SWAP A
                MOV R4, A
        DELAY1: MOV R5, #80H
        DELAY2: DJNZ R5, DELAY2
                LCALL DISP
                DJNZ R4, DELAY1  ; * * *
                RET
        DATAKEY1: MOV R4, A
                  MOV DPTR, #1FFFH
                  MOVX A, @DPTR
                  MOV R1, A
                  MOV A, R4
```

```
                MOV @R1, A
                CLR A
                POP 83H
                POP 82H
                MOVC A, @A+DPTR
                INC DPTR
                CJNE A, 01H, DATAKEY3
                DEC R1
                CLR A
                MOVC A, @A+DPTR
DATAKEY2:       PUSH 82H
                PUSH 83H
                MOV DPTR, #1FFFH
                MOVX @DPTR, A
                POP 83H
                POP 82H
                INC DPTR
                PUSH 82H
                PUSH 83H
                RET
DATAKEY3:       DEC R1
                MOV A, R1
                SJMP DATAKEY2
KEY0:           MOV R6, #20H
                MOV DPTR, #1FFFH
                MOVX A, @DPTR
                MOV R0, A
                MOV A, @R0
                MOV R7, A
                MOV A, #10H
                MOV @R0, A
KEY3:           LCALL KEYDISP
                JNB 0E5H, KEY2
                DJNZ R6, KEY3
                MOV DPTR, #1FFFH        ; * * *
                MOVX A, @DPTR
                MOV R0, A        ; * * *
                MOV A, R7
                MOV @R0, A
KEY:            MOV R6, #50H
KEY1:           LCALL KEYDISP
                JNB 0E5H, KEY2        ; * * *
                DJNZ R6, KEY1
```

```
               SJMP KEY0
KEY2:          MOV R6, A
               MOV A, R7
               MOV @ R0, A
               MOV A, R6          ; A=KEYDATA
KEYEND:        RET
KEYDISP:       LCALL DISP
               LCALL KEYSM
               MOV R4, A          ; KEYDATA
               MOV R1, #76H       ; DATASAME TIME
               MOV A, @ R1
               MOV R2, A
               INC R1
               MOV A, @ R1
               MOV R3, A          ; LAST KEYDATA
               XRL A, R4
                                  ; TWO TIME KEYDATA
               MOV R3, 04H        ; NEW KEYDATA---R3
               MOV R4, 02H        ; TIME---R4
               JZ KEYDISP1
               MOV R2, #88H
               MOV R4, #88H
KEYDISP1:      DEC R4
               MOV A, R4
               XRL A, #82H
               JZ KEYDISP2
               MOV A, R4          ; R4=TIME
               XRL A, #0EH
               JZ KEYDISP2
               MOV A, R4
               ORL A, R4
               JZ KEYDISP3
               MOV R4, #20H       ; R4=20H
               DEC R2
               LJMP KEYDISP5
KEYDISP3:      MOV R4, #0FH
KEYDISP2:      MOV R2, 04H
               MOV R4, 03H
KEYDISP5:      MOV R1, #76H
               MOV A, R2
               MOV @ R1, A
               INC R1
               MOV A, R3
```

```
               MOV @ R1, A
               MOV A, R4        ; * * * *
               CJNE R3, #10H, KEYDISP4
KEYDISP4:      RET
DISP:          SETB 0D4H
               MOV R1, #7EH
               MOV R2, #20H
               MOV R3, #00H
DISP1:         MOV DPTR, #0FF21H
               MOV A, R2
               MOVX @ DPTR, A
               MOV DPTR, #DATA1
               MOV A, @ R1
               MOVC A, @ A+DPTR
               MOV DPTR, #0FF22H
               MOVX @ DPTR, A
DISP2:         DJNZ R3, DISP2
               DEC R1
               CLR C
               MOV A, R2
               RRC A
               MOV R2, A
               JNZ DISP1
               MOV A, #0FFH
               MOV DPTR, #0FF22H
               MOVX @ DPTR, A
               CLR 0D4H
               RET
DATA1:         DB 0C0H, 0F9H, 0A4H, 0B0H, 99H, 92H, 82H, 0F8H, 80H, 90H
               DB 88H, 83H, 0C6H, 0A1H, 86H, 8EH, 0FFH, 0CH, 89H, 0DEH
KEYSM:         SETB 0D4H
               MOV A, #0FFH
               MOV DPTR, #0FF22H
               MOVX @ DPTR, A   ; OFF DISP
KEYSM0:        MOV R2, #0FEH
               MOV R3, #08H
               MOV R0, #00H
KEYSM1:        MOV A, R2
               MOV DPTR, #0FF21H
               MOVX @ DPTR, A
               NOP
               RL A
               MOV R2, A
```

```
            MOV DPTR, #0FF23H
            MOVX A, @DPTR
            CPL A
            NOP
            NOP
            NOP
            ANL A, #0FH
            JNZ KEYSM2
            INC R0; NOKEY
            DJNZ R3, KEYSM1
            SJMP KEYSM10
KEYSM2:     CPL A; YKEY
            JB 0E0H, KEYSM3
            MOV A, #00H
            SJMP KEYSM7
KEYSM3:     JB 0E1H, KEYSM4
            MOV A, #08H
            SJMP KEYSM7
KEYSM4:     JB 0E2H, KEYSM5
            MOV A, #10H
            SJMP KEYSM7
KEYSM5:     JB 0E3H, KEYSM10
            MOV A, #18H
KEYSM7:     ADD A, R0
            CLR 0D4H
            CJNE A, #10H, KEYSM9
KEYSM9:     JNC KEYSM10
            MOV DPTR, #DATA2
            MOVC A, @A+DPTR
KEYSM10:    RET
DATA2:      DB 07H, 04H, 08H, 05H, 09H, 06H, 0AH, 0BH
            DB 01H, 00H, 02H, 0FH, 03H, 0EH, 0CH, 0DH
END
```

11.12.3 实验材料

DVCC 仿真机、PC 机、导线。

11.12.4 注意事项

实验前要确定学生对步进电机的知识有一定的了解。

11.12.5 实验内容

从键盘上输入正、反转命令，转速参数和转动步数显示在显示器上，CPU 再读取显示器上显示的正、反转命令，转速级数（16 级）和转动步数后执行。转动步数减为零时停止转动。

实验步骤：

（1）步进电机插头插到实验系统 J3 插座中，P1.0~P1.3 接到 BA~BD 插孔。

（2）在"P."状态下，从起始地址开始（0A30H）连续执行程序。输入起始地址后按 EXEC 键。

（3）在键盘上输入数字在显示器上显示，第一位为 0 表示正转，为 1 表示反转，第二位 0~F 为转速等级，第三到第六位设定步数，设定完按 EXEC 键，步进电机开始旋转。

11.12.6　实验作业

写出实验结果。思考为什么用单片机控制步进电机最适合？

12　PLC 原理及应用

12.1　与或非逻辑功能实验

12.1.1　实验目的

（1）熟悉 PLC 装置，FX 系列可编程控制器的外部接线方法。

（2）了解编程软件的编程环境，软件的使用方法。

（3）掌握与、或、非逻辑功能的编程方法。

12.1.2　实验原理

12.1.2.1　逻辑取及线圈驱动指令 LD、LDI、OUT

LD，取指令。表示一个与输入母线相连的常开接点指令，即常开接点逻辑运算起始。LDI，取反指令。表示一个与输入母线相连的常闭接点指令，即常闭接点逻辑运算起始。OUT，线圈驱动指令，也叫输出指令。LD、LDI 是一个程序步指令，这里的一个程序步即是一个字。OUT 是多程序步指令，要视目标元件而定。OUT 指令的目标元件是定时器和计数器时，必须设置常数 K。

12.1.2.2　接点串联指令 AND、ANI

AND，与指令。用于单个常开接点的串联。ANI，与非指令，用于单个常闭接点的串联。AND 与 ANI 都是一个程序步指令，它们串联接点的个数没有限制，也就是说这两条指令可以多次重复使用。这两条指令的目标元件为 X、Y、M、S、T、C。OUT 指令后，通过接点对其他线图使用 OUT 指令称为纵输出或连续输出。这种连续输出如果顺序没错，可以多次重复。

12.1.2.3　接点并联指令 OR、ORI

OR，或指令，用于单个常开接点的并联。ORI，或非指令，用于单个常闭接点的并联。OR、ORI 是从该指令的当前步开始，对前面的 LD、LDI 指令并联连接。并联的次数无限制。

12.1.3　实验材料

可编程序控制器（PLC）（三菱 FX2N-48MR）1 台、通讯电缆（SC-09）1 根、PLC 教学实验系统（EL-PLC-Ⅱ）1 台、微机（586 以上、WIN95 或 WIN98、ROM-16M）1 台、编程软件包（FXGP/WIN-C）1 套、导线若干。

12.1.4　注意事项

（1）"梯形图"编辑程序必须经过"转换"成为指令表格式才能被 PLC 认可运行。

但有时输入的梯形图无法将其转换为指令格式。

（2）若"通讯错误"提示符出现，可能有两个问题要检查：首先在状态检查中看"PLC 类型"是否正确，例：运行机型是 FX1N，但设置的是 FX0N，就要更改成 FX1N；再检查 PLC 的"端口设置"是否正确，即是否为 COM 口。排除了这两个问题后，重新"写入"直到"核对"完成表示程序已输送到 PLC 中。

12.1.5　实验内容与步骤

12.1.5.1　实验说明

A　FXGP-WIN-C 编程软件编辑文件的正确进入及存取

（1）选择桌面 FXGP-WIN-C 文件双击鼠标左键，出现编程界面方可进入编程。

（2）打开 FXGP 编程软件，点击〈文件〉子菜单〈新文件〉或点击常用工具栏 ▢ 弹出［PLC 类型设置］对话框，供选择机型。本实验指导书以 FX0N、FX2N 两种机型为例，实验使用时，根据实际确定机型，若为 FX2N 即选中 FX2N，然后［确认］，就可马上进入编辑程序状态。注意这时编程软件会自动生成一个〈SWOPC-FXGP/WIN-C-UNTIT＊＊＊〉文件名，在这个文件名下可编辑程序。

（3）文件完成编辑后进行保存：点击〈文件〉子菜单〈另存为〉，弹出［File Save As］对话框，在"文件名"中能见到自动生成的〈SWOPC-FXGP/WIN-C-UNTIT＊＊＊〉文件名，这是编辑文件用的通用名，在保存文件时可以使用，但建议不使用此类文件名，以避免出错。而在"文件名"框中输入一个带有保存文件类型特征的文件名。保存文件类型特征有三个：Win Files（＊.pmw）；Dos Files（＊.pmc）；All Files（＊.＊）。一般选第一种类型，例：先擦去自动生成的"文件名"，然后在"文件名"框中输入 ABC.pmw、555.pmw、新潮.pmw 等。有了文件名，单击"确定"键，弹出"另存为"对话框，在"文件题头名"框中输入一个自己认可的名字，单击"确定"键，完成文件保存。

B　文件程序编辑

当正确进入 FXGP 编程系统后，文件程序的编辑可用两种编辑状态形式：指令表编辑和梯形图编辑。

指令表编辑程序：点击菜单〈文件〉中的〈新文件〉或〈打开〉选择 PLC 类型设置，FX0N 或 FX2N 后确认，弹出"指令表"（注：如果不是指令表，可从菜单"视图"内选择"指令表"）。

梯形图编辑程序：点击菜单〈文件〉中的〈新文件〉或〈打开〉选择 PLC 类型设置，FX0N 或 FX2N 后确认，弹出"梯形图"（注：如果不是梯形图，可从菜单"视图"内选择"梯形图"）。

C　GP 与 PLC 之间的程序传送

把 FXGP 中的程序下传到 PLC 中去，若 FXGP 中的程序用指令表编辑即可直接传送，如果用梯形图编辑的则要求转换成指令表才能传送，因为 PLC 只识别指令。

点击菜单"PLC"的二级子菜单"传送"→"写出"，弹出对话框，有两个选择：〈所有范围〉和〈范围设置〉。

（1）所有范围 。即状态栏中显示的"程序步"（FX2N-8000、FX0N-2000）会全部写入 PLC，时间比较长。此功能可以用来刷新 PLC 的内存。

（2）范围设置。先确定"程序步"的"起始步"和"终止步"的步长，然后把确定的步长指令写入 PLC，时间相对比较短。在"状态栏"会出现"程序步"（或"已用步"）写入（或插入）FX2N 等字符。选择完［确认］，如果这时 PLC 处于"RUN"状态，通讯不能进行，屏幕会出现"PLC 正在运行，无法写入"的文字说明提示，这时应该先将 PLC 的"RUN/STOP"的开关拨到"STOP"，然后才能进行通讯。进入 PLC 程序写入过程，这时屏幕会出现闪烁着的"写入 Please wait a moment"等提示符。如果要进行编程，就要把 PLC 主机上的"RUN/STOP"置于 STOP 位置。如果要输入一个新的指令程序，就要先将内部用户存储器的程序全部清除（成批写入 NOP 指令），然后用键盘编程。

D　程序的运行与调试

（1）程序运行。当程序写入 PLC 后就可以在 PLC 中运行了。先将 PLC 处于 RUN 状态（可用手拨 PLC 的"RUN/STOP"开关到"RUN"档，FX1N、FX2N 都适合），再通过实验系统的输入开关给 PLC 输入给定信号，观察 PLC 输出指示灯，验证是否符合编辑程序的电路逻辑关系，如果有问题还可以通过 FXGP 提供的调试工具来确定问题，解决问题。

（2）程序调试。当程序写入 PLC 后，按照设计要求可用 FXGP 来调试 PLC 程序。如果有问题，可以通过 FXGP 提供的调试工具来确定问题所在。调试工具："监控/测试"。开始监控：在 PLC 运行时通过梯形图程序显示各位元件的动作情况。

12.1.5.2　实验步骤

首先应根据参考程序判断 Y01、Y02、Y03 的输出状态，再拨动输入开关 X00、X01，观察输出指示灯 Y01、Y02、Y03 与 X00、X01、X02、X03 之间是否符合与、或、非逻辑的逻辑关系。

实验面板中 X 为输入点，Y 为输出点。实验面板中下面两排 X00～X27 为输入按键和开关，模拟开关量的输入。上边一排 Y00～Y17 是 LED 指示灯，接 PLC 主机输出端，用以模拟输出负载的通与断。

（1）输入/输出接线填入表 12.1.1 中。

表 12.1.1　输入/输出接线

输入接线						输出接线					

（2）编制梯形图并写出程序，参考程序见表 12.1.2。

表 12.1.2　与或非逻辑功能实验参考程序

步序	指令	器件号	说　明	步序	指令	器件号	说　明
0	LD	X001	输入	7	ANI	X003	
1	AND	X003	输入	8	OUT	Y003	或非门输出
2	OUT	Y001	与门输出	9	LDI	X001	
3	LD	X001		10	ORI	X003	
4	OR	X003		11	OUT	Y004	与非门输出
5	OUT	Y002	或门输出	12	END		程序结束
6	LDI	X001					

（3）打开编程器，逐条输入程序，检查无误后，将可编程控制器主机上的"STOP/RUN"按钮拨到"RUN"位置，运行指示灯点亮，表明程序开始运行，有关的指示灯将显示运行结果。

12.1.6　问题思考

拨动输入开关 X1、X3，观察输出指示灯 Y1、Y2、Y3、Y4 是否符合与、或、非逻辑的正确结果。

12.1.7　实验作业

（1）写出 I/O 分配表、程序梯形图、指令表。

（2）仔细观察实验现象，认真记录实验中发现的问题、错误、故障及解决方法。

12.2　定时器/计数器功能实验

12.2.1　实验目的

掌握定时器、计数器的正确编程方法，并学会定时器和计数器扩展方法。

12.2.2　实验原理与要求

（1）定时器的控制逻辑是经过时间继电器的延时动作，然后产生控制作用。其控制作用同一般继电器。

（2）由于 PLC 的定时器和计数器都有一定的定时范围和计数范围，如果需要的设定值超过机器范围，我们可以通过几个定时器和计数器的串联组合来扩充设定值的范围。

（3）三菱 FX1N 系列的内部计数器分为 16 位二进制加法计数器和 32 位增计数/减计数器两种。其中的 16 位二进制加法计数器，其设定值在 K1～K32767 范围内有效。

12.2.3　实验材料

可编程序控制器 PLC（三菱 FX2N-48MR）1 台、通讯电缆（SC-09）1 根、PLC 教学实验系统（EL-PLC-Ⅱ）1 台、微机（586 以上、WIN95 或 WIN98、ROM-16M）1 台、编程软件包（FXGP/WIN-C）1 套、导线若干。

12.2.4　注意事项

在进行指令输入时 OUT T0 K50 在同一逻辑行输入。

12.2.5　实验内容与步骤

12.2.5.1　定时器的认识实验

参考程序见表 12.2.1。

表 12.2.1　定时器认识实验参考程序

步序	指令	器件号	说　明	步序	指令	器件号	说　明
0	LD	X001	输入	3	OUT	Y000	延时时间到，输出
1	OUT	T0 K50	延时 5s	4	END		程序结束
2	LD	T0					

12.2.5.2　定时器扩展实验

参考程序见表 12.2.2。

表 12.2.2　定时器扩展实验参考程序

步序	指令	器件号	说　明	步序	指令	器件号	说　明
0	LD	X001	输入	4	LD	T1	
1	OUT	T0 K50	延时 5s	5	OUT	Y000	延时时间到，输出
2	LD	T0		6	END		程序结束
3	OUT	T1 K30	延时 3s				

12.2.5.3　计数器认识实验

参考程序见表 12.2.3。

表 12.2.3　计数器认识实验参考程序

步序	指令	器件号	说　明	步序	指令	器件号	说　明
0	LD	X001	输入	5	LD	T0	
1	ANI	T0		6	OUT	C0 K20	计数 20 次
2	OUT	T0	K10	7	LD	C0	
3	LD	X000	输入	8	OUT	Y000	计数满，输出
4	RST	C0	计数器复位	9	END		程序结束

12.2.5.4　计数器的扩展实验

计数器的扩展与定时器扩展的方法类似，参考程序见表 12.2.4。

表 12.2.4　计数器扩展实验参考程序

步序	指令	器件号	说　明	步序	指令	器件号	说　明
0	LD	X001	输入	9	LD	X002	输入
1	ANI	T0		10	RST	C1	计数器 C1 复位
2	OUT	T0 K10	延时 1s	11	LD	C0	
4	LD	C0		12	OUT	C1 K3	计数 3 次
5	OR	X002		13	LD	C1	
6	RST	C0	计数器 C0 复位	14	OUT	Y000	计数满，输出
7	LD	T0		15	END		程序结束
8	OUT	C0 K20	计数 20 次				

12.2.6 问题思考

实验 12.2.5.1～12.2.5.4 输出信号比输入信号延时多少时间？

12.2.7 实验作业

（1）写出 I/O 分配表、程序梯形图、指令表及输出信号与输入信号延时时间。
（2）仔细观察实验现象，认真记录实验中发现的问题、错误、故障及解决方法。

12.3 十字路口交通灯控制

12.3.1 实验目的

熟练使用基本指令，根据控制要求，掌握 PLC 的编程方法和程序调试方法，了解使用 PLC 解决一个实际问题。

12.3.2 实验原理与要求

信号灯受一个启动开关控制，当启动开关接通时，信号灯系统开始工作，且先南北红灯亮，东西绿灯亮。当启动开关断开时，所有信号灯都熄灭；南北红灯亮维持 25s，在南北红灯亮的同时东西绿灯也亮，并维持 20s；到 20s 时，东西绿灯闪亮，闪亮 3s 后熄灭。在东西绿灯熄灭时，东西黄灯亮，并维持 2s。到 2s 时，东西黄灯熄灭，东西红灯亮，同时，南北红灯熄灭，绿灯亮，东西红灯亮维持 30s。南北绿灯亮维持 20s，然后闪亮 3s 后熄灭。同时南北黄灯亮，维持 2s 后熄灭，这时南北红灯亮，东西绿灯亮。周而复始。图 12.3.1 为十字路口交通灯控制面板图。

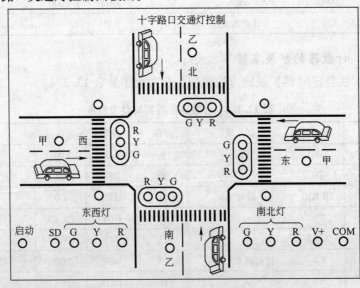

图 12.3.1 十字路口交通灯控制实验面板图

12.3.3 实验材料

可编程序控制器 PLC（三菱 FX2N-48MR）1 台、通讯电缆（SC-09）1 根、PLC 教学实验系统（EL-PLC-Ⅱ）1 台、微机（586 以上、WIN95 或 WIN98、ROM-16M）1 台、编程软件包（FXGP/WIN-C）1 套、导线若干。

12.3.4 注意事项

自编程序可不接甲、乙两灯。

12.3.5 实验内容与步骤

（1）输入输出接线。
（2）打开主机电源将程序下载到主机中。
（3）启动并运行程序观察实验现象。

12.3.6 实验作业

（1）写出 I/O 分配表（填入表 12.3.1）。写出程序梯形图和指令表。

表 12.3.1 I/O 分配表

输入		输出				输出			
		南北				东西			

（2）仔细观察实验现象，认真记录实验中发现的问题、错误、故障及解决方法。
参考程序见附录。

12.4 机械手动作的模拟

12.4.1 实验目的

用数据移位指令来实现机械手动作的模拟。

12.4.2 实验原理与要求

本实验是将工件由 A 处传送到 B 处的机械手，上升/下降和左移/右移的执行用双线圈二位电磁阀推动气缸完成。当某个电磁阀线圈通电，就一直保持现有的机械动作，例如一旦下降的电磁阀线圈通电，机械手下降，即使线圈再断电，仍保持现有的下降动作状态，直到相反方向的线圈通电为止。另外，夹紧/放松由单线圈二位电磁阀推动气缸完成，线圈通电执行夹紧动作，线圈断电时执行放松动作。设备装有上、下限位和左、右限位开关，限位开关用钮子开关来模拟，所以在实验中应为点动。电磁阀和原位指示灯用发光二极管来模拟。本实验的起始状态应为原位（即 SQ2 与 SQ4 应为 ON，启动后马上打到 OFF），它的工作过程如图 12.4.1 所示，有八个动作。机械手动作模拟控制面板图如图 12.4.2 所示。

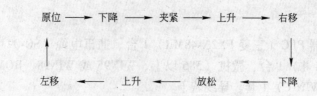

图 12.4.1   机械手工作过程

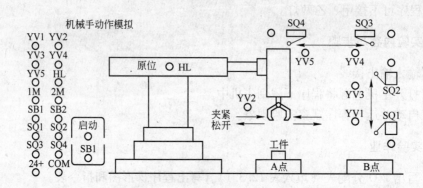

图 12.4.2   机械手动作模拟控制实验面板图

12.4.3   实验材料

可编程序控制器 PLC（三菱 FX2N-48MR）1 台、通讯电缆（SC-09）1 根、PLC 教学实验系统（EL-PLC-Ⅱ）1 台、微机（586 以上、WIN95 或 WIN98、ROM-16M）1 台、编程软件包（FXGP/WIN-C）1 套、导线若干。

12.4.4   注意事项

限位开关的控制及 MCGS 使用。

12.4.5   实验内容与步骤

（1）输入输出接线。主机模块的 COM 接主机模块输入端的 COM 和输出段的 COM1、COM2、COM3、COM4、COM5。主机模块的 24+、COM 分别接在实验单元的 V+、COM。

（2）打开主机电源将程序下载到主机中。

（3）启动并运行程序观察实验现象。

12.4.6   实验作业

（1）写出 I/O 分配表、程序梯形图、指令表。

（2）仔细观察实验现象，认真记录实验中发现的问题、错误、故障及解决方法。

参考程序见附录。

12.5　液体混合装置控制

12.5.1　实验目的

熟练使用置位和复位等各条基本指令，通过对工程实例的模拟，熟练地掌握 PLC 的编程和程序调试。

12.5.2　实验原理与要求

本实验为两种液体混合装置，SL1、SL2、SL3 为液面传感器，液体 A、B 阀门与混合液阀门由电磁阀 YV1、YV2、YV3 控制，M 为搅匀电机，液体混合装置控制面板如图 12.5.1 所示。

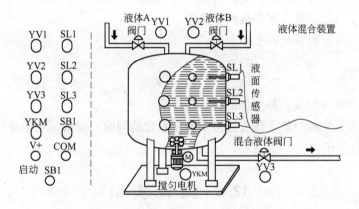

图 12.5.1　液体混合装置控制实验面板图

控制要求如下：

初始状态。装置投入运行时，液体 A、B 阀门关闭，混合液阀门打开 20s 将容器放空后关闭。

启动操作。按下启动按钮 SB1，装置就开始按下列约定的规律操作：混合液体阀打开先将剩余液体放完。液体 A 阀门打开，液体 A 流入容器。当液面到达 SL2 时，SL2 接通，关闭液体 A 阀门，打开液体 B 阀门。液面到达 SL1 时，关闭液体 B 阀门，搅匀电机开始搅匀。搅匀电机工作 6s 后停止搅动，混合液体阀门打开，开始放出混合液体。当液面下降到 SL3 时，SL3 由接通变为断开，再过 2s 后，容器放空，混合液阀门关闭，开始下一周期。

停止操作。按下停止按钮 SB2 后，在当前的混合液操作处理完毕后，才停止操作（停在初始状态上）。

12.5.3　实验材料

可编程序控制器 PLC（三菱 FX2N-48MR）1 台、通讯电缆（SC-09）1 根、PLC 教学实验系统（EL-PLC-Ⅱ）1 台、微机（586 以上、WIN95 或 WIN98、ROM-16M）1 台、编程软件包（FXGP/WIN-C）1 套、导线若干。

12.5.4 注意事项

MCGS 的使用：

组态软件 MCGS 与 PLC 的通讯设置。在设备窗口里组态好设备，选择通用串口父设备，然后选择 PLC，双击设置其内部属性，选择好对应的 PLC 变量以及读写设置，确定后选择通道连接选项卡，在"对应数据对象"栏里填入 MCGS 数据库里变量的名字，然后可以在设备调试选项卡里看有没有成功建立连接，值为"1"表示正常，另外特别提醒在串口父设备里设置的串口参数要与 PLC 设置的一致。

12.5.5 实验内容与步骤

（1）输入输出接线。主机模块的 COM 接主机模块输入端的 COM 和输出段的 COM1、COM2、COM3、COM4、COM5。主机模块的 24+、COM 分别接在实验单元的 V+、COM。

（2）打开主机电源将程序下载到主机中。

（3）启动并运行程序观察实验现象。

12.5.6 实验作业

（1）写出 I/O 分配表、程序梯形图、指令表。

（2）仔细观察实验现象，认真记录实验中发现的问题、错误、故障及解决方法。

参考程序见附录。

12.6 跳 转 实 验

12.6.1 实验目的

（1）熟悉编程软件及编程方式。

（2）掌握跳转指令的使用。

12.6.2 实验原理与要求

自行设计程序进行跳转指令的练习。使 X1 为"1"时，LED 灯 1、LED 灯 2、LED 灯 3 轮流闪烁；使 X1 为"0"时，LED 灯 4、LED 灯 5、LED 灯 6 轮流闪烁。

12.6.3 实验材料

可编程序控制器 PLC（三菱 FX2N-48MR）1 台、通讯电缆（SC-09）1 根、PLC 教学实验系统（EL-PLC-Ⅱ）1 台、微机（586 以上、WIN95 或 WIN98、ROM-16M）1 台、编程软件包（FXGP/WIN-C）1 套、导线若干。

12.6.4 注意事项

实验利用跳转指令编程，LED 灯可利用基本指令实验的输出显示。

12.6.5 实验内容与步骤

（1）设计程序。
（2）上机实验。

12.6.6 实验作业

（1）写出 I/O 分配表、程序梯形图。
（2）仔细观察实验现象，认真记录实验中发现的问题、错误、故障及解决方法。

12.7 数据控制功能实验

12.7.1 实验目的

（1）熟悉编程软件及编程方法。
（2）掌握数据处理，比较、传送指令的使用。

12.7.2 实验原理与要求

自行设计程序进行比较、传送指令的练习。

12.7.3 实验材料

可编程序控制器 PLC（三菱 FX2N-48MR）1 台、通讯电缆（SC-09）1 根、PLC 教学实验系统（EL-PLC-Ⅱ）1 台、微机（586 以上、WIN95 或 WIN98、ROM-16M）1 台、编程软件包（FXGP/WIN-C）1 套、导线若干。

12.7.4 注意事项

实验利用比较、传送指令编程，输出信号可利用基本指令实验的输出显示。

12.7.5 实验内容与步骤

（1）设计程序。
（2）上机实验。

12.7.6 实验作业

（1）写出 I/O 分配表、程序梯形图。
（2）仔细观察实验现象，认真记录实验中发现的问题、错误、故障及解决方法。

12.8 LED 数码显示控制

12.8.1 实验目的

了解并掌握移位指令 SFTL 在控制中的应用及其编程方法。

12.8.2　实验原理与要求

本实验用八组 LED 发光二极管模拟八段数码管的显示。程序运行后先是一段段显示，显示次序是 A、B、C、D、E、F、G、H；随后显示数字及字符，显示次序是 0、1、2、3、4、5、6、7、8、9、A、b、C、d、E、F，再返回初始显示，并循环不止，断开启动开关实验停止。LED 数据显示控制面板如图 12.8.1 所示。

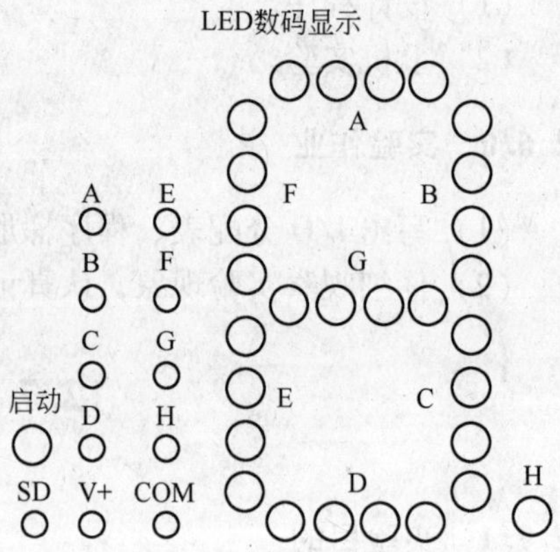

图 12.8.1　LED 数码显示控制实验面板图

12.8.3　实验材料

可编程序控制器 PLC（三菱 FX2N-48MR）1 台、通讯电缆（SC-09）1 根、PLC 教学实验系统（EL-PLC-Ⅱ）1 台、微机（586 以上、WIN95 或 WIN98、ROM-16M）1 台、编程软件包（FXGP/WIN-C）1 套、导线若干。

12.8.4　实验内容与步骤

（1）输入输出接线。主机模块的 COM 接主机模块输入端的 COM 和输出段的 COM1、COM2、COM3、COM4、COM5。主机模块的 24+、COM 分别接在 LED 数码显示控制实验单元的 V+、COM。

（2）打开主机电源将程序下载到主机中。

（3）启动并运行程序观察实验现象。

12.8.5　实验作业

（1）写出 I/O 分配表（填入表 12.8.1 中）。写出程序梯形图与指令表。

表 12.8.1　I/O 分配表

输入 接线		输出 接线						

（2）仔细观察实验现象，认真记录实验中发现的问题、错误、故障及解决方法。

12.9　三相鼠笼式异步电动机星/三角换接启动控制

12.9.1　实验目的

了解用 PLC 控制代替传统接线控制的方法，编制程序控制电机的降压启动。

12.9.2　实验原理与要求

启动：按启动按钮 SB1，X0 的动合触点闭合，M20 线圈得电，M20 的动合触点闭合，同时 Y0 线圈得电,即接触器 KM1 的线圈得电,1s 后 Y3 线圈得电,即接触器 KM3 的线圈得电,电动机作星形连接启动;6s 后 Y3 的线圈失电,同时 Y2 线圈得电,电动机转为三角形运行方式,按下停止按钮 SB3 电机停止运行。实验面板如图 12.9.1 所示。

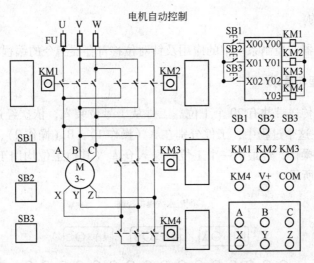

图 12.9.1 电机自动控制实验面板图

12.9.3 实验材料

可编程序控制器 PLC(三菱 FX2N-48MR)1 台、通讯电缆(SC-09)1 根、PLC 教学实验系统(EL-PLC-Ⅱ)1 台、微机(586 以上、WIN95 或 WIN98、ROM-16M)1 台、编程软件包(FXGP/WIN-C)1 套、导线若干。

12.9.4 注意事项

电机接线一定要正确。

12.9.5 实验内容与步骤

(1)输入输出接线。主机模块的 COM 接主机模块输入端的 COM 和输出段的 COM1、COM2、COM3、COM4、COM5。主机模块的 24+、COM 分别接在实验单元的 V+、COM。

(2)打开主机电源将程序下载到主机中。

(3)启动并运行程序观察实验现象。

12.9.6 实验作业

(1)写出 I/O 分配表(填入表 12.9.1 中)。写出程序梯形图与指令表。

表 12.9.1 I/O 分配表

输入			输出		

(2)仔细观察实验现象,认真记录实验中发现的问题、错误、故障及解决方法。

12.10　装配流水线控制

12.10.1　实验目的

了解移位寄存器在控制系统中的应用及针对位移寄存器指令的编程方法。

12.10.2　实验原理与要求

在本实验中，传送带共有 20 个工位。工件从 1 号位装入，依次经过 2 号位、3 号位、……、16 号位。在这个过程中，工件分别在 A（操作 1）、B（操作 2）、C（操作 3）三个工位完成三种装配操作，经最后一个工位后送入仓库（其他工位均用于传送工件）。实验面板如图 12.10.1 所示。

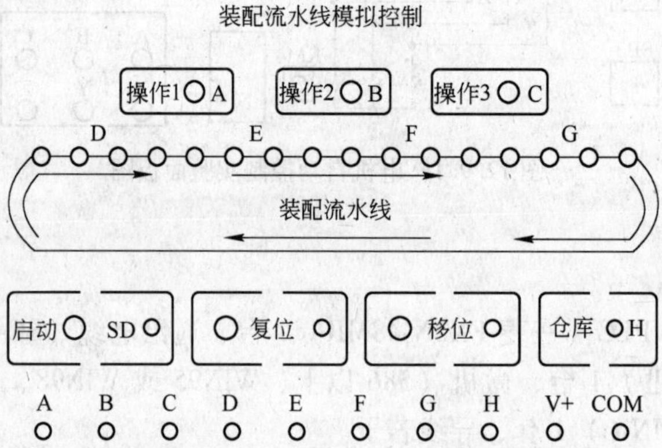

图 12.10.1　装配流水线控制实验面板图

12.10.3　实验材料

可编程序控制器 PLC（三菱 FX2N-48MR）1 台、通讯电缆（SC-09）1 根、PLC 教学实验系统（EL-PLC-Ⅱ）1 台、微机（586 以上、WIN95 或 WIN98、ROM-16M）1 台、编程软件包（FXGP/WIN-C）1 套、导线若干。

12.10.4　注意事项

（1）复位、移位指令接线不要接错。

（2）先按复位指令后再按移位指令开始。

12.10.5　实验内容与步骤

（1）输入输出接线。主机模块的 COM 接主机模块输入端的 COM 和输出段的 COM1、COM2、COM3、COM4、COM5。主机模块的 24+、COM 分别接在实验单元的 V+、COM。

（2）打开主机电源将程序下载到主机中。

（3）启动并运行程序观察实验现象。

12.10.6 实验作业

（1）写出 I/O 分配表（填入表 12.10.1 中）。写出程序梯形图与指令表。

表 12.10.1 I/O 分配表

输入					
输出					

（2）仔细观察实验现象，认真记录实验中发现的问题、错误、故障及解决方法。
参考程序见附录。

12.11 天塔之光模拟控制

12.11.1 实验目的

用 PLC 构成闪光灯控制系统。

12.11.2 实验原理与要求

本实验启动后系统会按以下规律显示：L1→
L1、L2→L1、L3→L1、L4→L1、L2→L1、L2、L3、
L4→L1、L8→L1、L7→L1、L6→L1、L5→L1、L8
→L1、L5、L6、L7、L8→L1→L1、L2、L3、L4→
L1、L2、L3、L4、L5、L6、L7、L8→L1……如此
循环，周而复始。扳下启动开关实验停止。实验面
板如图 12.11.1 所示。

12.11.3 实验材料

可编程序控制器 PLC（三菱 FX2N-48MR）1
台、通讯电缆（SC-09）1 根、PLC 教学实验系统

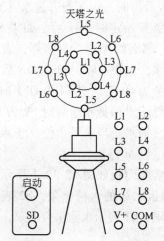

图 12.11.1 天塔之光控制实验面板图

（EL-PLC-Ⅱ）1 台、微机（586 以上、WIN95 或 WIN98、ROM-16M）1 台、编程软件包
（FXGP/WIN-C）1 套、导线若干。

12.11.4 实验内容与步骤

（1）输入输出接线。主机模块的 COM 接主机模块输入端的 COM 和输出段的 COM1、
COM2、COM3、COM4、COM5。主机模块的 24+、COM 分别接在实验单元的 V+、COM。

（2）打开主机电源将程序下载到主机中。

（3）启动并运行程序观察实验现象。

12.11.5 实验作业

（1）写出 I/O 分配表（填入表 12.11.1 中）。写出程序梯形图与指令表。

表 12.11.1 I/O 分配表

输入接线		输出接线								

（2）仔细观察实验现象，认真记录实验中发现的问题、错误、故障及解决方法。

12.12 水塔水位控制模拟

12.12.1 实验目的

用 PLC 构成水塔水位自动控制系统。

12.12.2 实验原理与要求

当水池水位低于水池低水位界（S4 为 ON 表示）时，阀 Y 打开进水（Y 为 ON），定时器开始定时，4s 后，如果 S4 还不为 OFF，那么阀 Y 指示灯闪烁，表示阀 Y 没有进水，出现故障，S3 为 ON 后，阀 Y 关闭（Y 为 OFF）。当 S4 为 OFF 时，且水塔水位低于水塔低水位界时 S2 为 ON，电机 M 运转抽水。当水塔水位高于水塔高水位界时电机 M 停止。

实验面板如图 12.12.1 所示。面板中 S1 表示水塔的水位上限，S2 表示水塔水位下限，S3 表示水池水位上限，S4 表示水池水位下限，M1 为抽水电机，Y 为水阀。

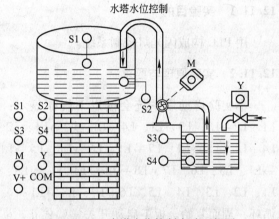

图 12.12.1 水塔水位控制实验面板图

12.12.3 实验材料

可编程序控制器 PLC（三菱 FX2N-48MR）1 台、通讯电缆（SC-09）1 根、PLC 教学实验系统（EL-PLC-Ⅱ）1 台、微机（586 以上、WIN95 或 WIN98、ROM-16M）1 台、编程软件包（FXGP/WIN-C）1 套、导线若干。

12.12.4 实验内容与步骤

（1）输入输出接线。主机模块的 COM 接主机模块输入端的 COM 和输出段的 COM1、COM2、COM3、COM4、COM5。主机模块的 24+、COM 分别接在实验单元的 V+、COM。

（2）打开主机电源将程序下载到主机中。

（3）启动并运行程序观察实验现象。

12.12.5 实验作业

（1）写出 I/O 分配表（填入表 12.12.1 中）。写出程序梯形图与指令表。

表 12.12.1 I/O 分配表

输入					输出			

（2）仔细观察实验现象，认真记录实验中发现的问题、错误、故障及解决方法。

12.13 四层电梯控制系统的模拟

12.13.1 实验目的

（1）通过对工程实例的模拟，熟练地掌握 PLC 的编程和程序调试方法。
（2）熟悉四层楼电梯采用轿厢外按钮控制的编程方法。

12.13.2 实验原理与要求

电梯由安装在各楼层门口的上升、下降呼叫按钮进行呼叫操纵，操纵内容为电梯运行方向。轿厢内设有楼层内选按钮 S1～S4，用以选择需停靠的楼层。L1 为一层指示，L2 为二层指示，依此类推，SQ1～SQ4 为到位行程开关。电梯上升途中只响应上升呼叫，下降途中只响应下降呼叫，任何反方向的呼叫均无效。例如，电梯停在一层，在三层轿厢外呼叫时，须按三层上升呼叫按钮，电梯才响应呼叫（从一层运行到三层），按三层下降呼叫按钮无效；反之，若电梯停在四层，在三层轿厢外呼叫时，必须按三层下降呼叫按钮，电梯才响应呼叫，按三层上升呼叫按钮无效，依此类推。实验面板如图 12.13.1 所示。

12.13.3 实验材料

可编程序控制器 PLC（三菱 FX2N-48MR）1 台、通讯电缆（SC-09）1 根、PLC 教学实验系统（EL-PLC-Ⅱ）1 台、微机（586 以上、WIN95 或 WIN98、ROM-16M）1 台、编程软件包（FXGP/WIN-C）1 套、导线若干。

12.13.4 实验内容与步骤

（1）输入输出接线。
（2）打开主机电源将程序下载到主机中。
（3）启动并运行程序观察实验现象。

12.13.5 实验作业

（1）写出 I/O 分配表（填入表 12.13.1 中）。写出程序梯形图与指令表。

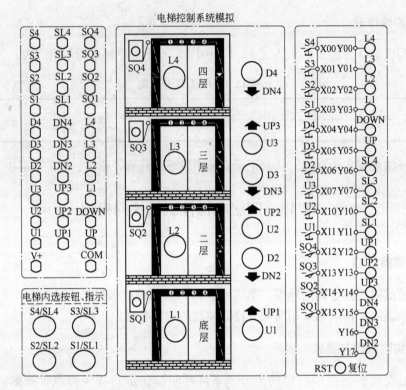

图 12.13.1　电梯控制实验面板图

表 12.13.1　输入分配表

序号	名　　　称	输入点	序号	名　　　称	输出点

（2）仔细观察实验现象，认真记录实验中发现的问题、错误、故障及解决方法。

12.14　四节传送带的模拟

12.14.1　实验目的

通过使用各基本指令，进一步熟练掌握 PLC 的编程和程序调试。

12.14.2　实验原理与要求

本实验是一个用四条皮带运输机的传送系统，分别用四台电动机带动，控制要求如下：启动时先启动最末一条皮带机，经过 1s 延时，再依次启动其他皮带机。停止时应先停止最前一条皮带机，待料运送完毕后再依次停止其他皮带机。当某条皮带机发生故障时，该皮带机及其前面的皮带机立即停止，而该皮带机以后的皮带机待运完后才停止。例如 M2 故障，M1、M2 立即停，经过 1s 延时后，M3 停，再过 1s，M4 停。当某条皮带机上有重物时，该皮带机前面的皮带机停止，该皮带机运行 1s 后停，而该皮带机以后的皮带机待料运完后才停止。例如，M3 上有重物，M1、M2 立即停，再过 1s，M4 停。实验面板如图 12.14.1 所示。

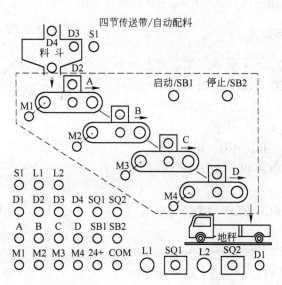

图 12.14.1 四节传送带控制实验面板图

12.14.3 实验材料

可编程序控制器 PLC（三菱 FX2N-48MR）1 台、通讯电缆（SC-09）1 根、PLC 教学实验系统（EL-PLC-Ⅱ）1 台、微机（586 以上、WIN95 或 WIN98、ROM-16M）1 台、编程软件包（FXGP/WIN-C）1 套、导线若干。

12.14.4 实验内容与步骤

（1）输入输出接线。主机模块的 COM 接主机模块输入端的 COM 和输出段的 COM1、COM2、COM3、COM4、COM5。主机模块的 24+、COM 分别接在实验单元的 V+、COM。

（2）打开主机电源将程序下载到主机中。

（3）启动并运行程序观察实验现象。

12.14.5 实验作业

（1）写出 I/O 分配表（填入表 12.14.1 中）。写出程序梯形图与指令表。

表 12.14.1 I/O 分配表

输入						输出				

（2）仔细观察实验现象，认真记录实验中发现的问题、错误、故障及解决方法。

12.15 五相步进电动机控制的模拟实验

12.15.1 实验目的

了解并掌握移位指令在控制中的应用及其编程方法。

12.15.2 实验原理与要求

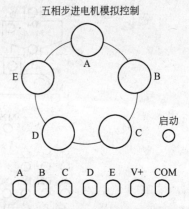

实验面板如图 12.15.1 所示。要求对五相步进电动机五个绕组依次自动实现如下方式的循环通电控制：

第一步：A—B—C—D—E；

第二步：A—AB—BC—CD—DE—EA；

第三步：AB—ABC—BC—BCD—CD—CDE—DE—DEA；

第四步：EA—ABC—BCD—CDE—DEA。

图 12.15.1 五相步进电机控制实验面板图

12.15.3 实验材料

可编程序控制器 PLC（三菱 FX2N-48MR）1 台、通讯电缆（SC-09）1 根、PLC 教学实验系统（EL-PLC-Ⅱ）1 台、微机（586 以上、WIN95 或 WIN98、ROM-16M）1 台、编程软件包（FXGP/WIN-C）1 套、导线若干。

12.15.4 实验内容与步骤

（1）输入输出接线。主机模块的 COM 接主机模块输入端的 COM 和输出段的 COM1、COM2、COM3、COM4、COM5。主机模块的 24+、COM 分别接在实验单元的 V+、COM。

（2）打开主机电源将程序下载到主机中。

（3）启动并运行程序观察实验现象。

12.15.5 实验报告

（1）写出 I/O 分配表（填入表 12.15.1 中）。写出程序梯形图与指令表。

表 12.15.1 I/O 分配表

输入		输出				

（2）仔细观察实验现象，认真记录实验中发现的问题、错误、故障及解决方法。

13 液压与气压传动

13.1 液压泵和液压马达拆装实验

13.1.1 实验目的

液压元件是液压系统的重要组成部分，通过对液压泵和液压马达的拆装，可加深对泵和马达结构及工作原理的了解。

13.1.2 实验内容

拆装：齿轮泵、单作用变量叶片泵、叶片马达。

13.1.3 实验用工具及材料

内六角扳手、固定扳手、螺丝刀、相关液压泵、液压马达。

13.1.4 实验要求

（1）通过拆装，掌握液压泵和马达内每个零部件构造，了解其加工工艺要求。

（2）分析影响液压泵和马达正常工作及容积效率的因素，了解易产生故障的部件并分析其原因。

（3）如何解决液压泵的困油问题，从结构上加以分析。

（4）通过实物分析液压泵的工作三要素（三个必需的条件）。

（5）了解如何认识液压泵和马达的铭牌、型号等内容。

（6）掌握液压泵和马达的职能符号（定量、动量、单向、双向）及选型要求等。

（7）掌握拆装油泵和马达的方法和拆装要点。

13.1.5 实验报告内容

（1）在齿轮油泵、单作用叶片泵（变量）、叶片马达中选一种，画出工作原理简图，说明其主要结构组成及工作原理。

（2）叙述拆装的循序。

（3）列出拆装中主要使用的工具。

（4）总结拆装过程的感受。

13.1.6 思考题

（1）齿轮泵由哪几部分组成？各密封腔是怎样形成的？

（2）齿轮泵的密封工作区是指哪一部分？

（3）图 13.1.1 中，a、b、c、d 的作用是什么？

（4）叙述齿轮泵的困油现象的原因及消除措施。

（5）该齿轮泵有无配流装置？它是如何完成吸、压油分配的？

（6）该齿轮泵中存在几种可能产生泄漏的途径？为了减小泄漏，该泵采取了什么措施？

（7）齿轮、轴和轴承所受的径向液压不平衡力是怎样形成的？如何解决？

13.1.7　液压泵和马达结构

13.1.7.1　定量泵

型号：CB-B 型齿轮泵，其结构如图 13.1.1 所示。

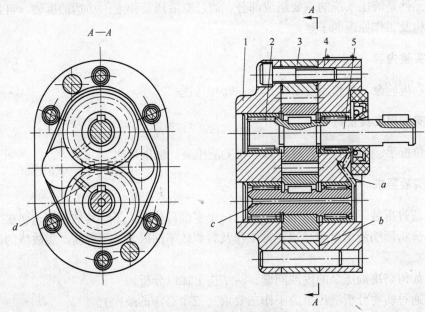

图 13.1.1　齿轮泵结构图

1—后泵盖；2—滚针轴承；3—泵体；4—前泵盖；5—传动轴

拆卸步骤：

（1）松开 6 个紧固螺钉，分开端盖 1 和 4；从泵体 3 中取出主动齿轮及轴、从动齿轮及轴。

（2）分解端盖与轴承、齿轮与轴、端盖与油封。此步可不做。装配顺序与拆卸相反。

主要零件分析：

（1）泵体 3。泵体的两端面开有封油槽，此槽与吸油口相通，用来防止泵内油液从泵体与泵盖接合面外泄，泵体与齿顶圆的径向间隙为 0.13～0.16mm。

（2）端盖 1 与 4。前后端盖内侧开有卸荷槽（见图中虚线所示），用来消除困油。端盖 1 上吸油口大，压油口小，用来减小作用在轴和轴承上的径向不平衡力。

（3）齿轮 2。两个齿轮的齿数和模数都相等，齿轮与端盖间轴向间隙为 0.03～0.04mm，轴向间隙不可以调节。

13.1.7.2 单作用式变量叶片泵

图 13.1.2 为单作用式变量叶片泵的结构图。

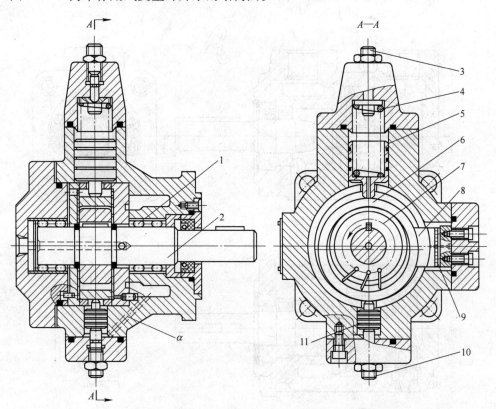

图 13.1.2 外反馈限压式变量叶片泵的结构
1—滚针轴承；2—传动轴；3—调压螺钉；4—调压弹簧；5—弹簧座；6—定子；
7—转子；8—滑块；9—滚针；10—调节螺钉；11—柱塞

（1）拆卸步骤：

第一步：拆下上端盖，取出调压螺钉 3、调压弹簧 4 及弹簧座 5 等；

第二步：拆下下端盖，取出调节螺钉 10 及柱塞 11；

第三步：拆下前端盖，取出滑块；

第四步：拆下连接前泵体和后泵体的螺栓，拆开前泵体和后泵体；

第五步：拆下右端盖；

第六步：取出配油盘、转子和定子。

（2）观察结构：

1）观察叶片的安装位置及运动情况。

2）比较单作用式变量叶片泵定子内孔形状与双作用式定量叶片泵定子内孔形状是否相同。

3）观察定子与转子是否同心。

4）观察配油盘的形状并分析配油盘的作用。

如何调定泵的限定压力和最大偏心量。

13.1.7.3　液压马达

型号：YM 型叶片式液压马达，其结构如图 13.1.3 所示。

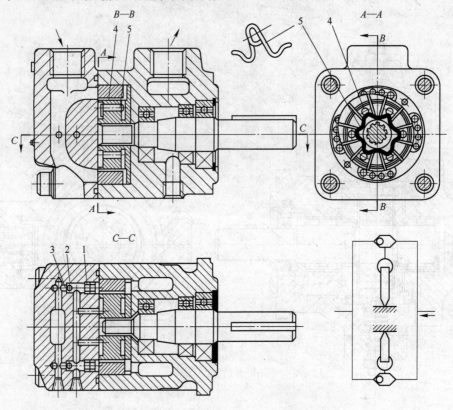

图 13.1.3　YM 型叶片式液压马达结构图
1，3—阀座；2—单向球阀；4—销子；5—燕式弹簧

13.2　液压泵性能实验

13.2.1　实验目的

深入理解定量叶片泵的静态特性，着重测试液压泵静态特性。分析液压泵的性能曲线，了解液压泵的工作特性。通过实验，学会小功率液压泵性能的测试方法和测试用实验仪器和设备。

13.2.2　实验内容

测试液压泵的下列特性：压力脉动值、流量-压力特性、容积效率-压力特性、总效率-压力特性。

13.2.3　实验装置

QCS003B 型液压教学实验台。

13.2.4 实验原理与方法

液压泵把原动机输入机械能（T，n）转化为液压能（p，q_v）输出，送给液压执行机构。由于泵内存在泄漏（用容积效率 η_v 表示），摩擦损失（用机械效率 η_m 表示）和液压损失（此项损失较小，通常忽略），所以泵的输出功率必定小于输入功率，总效率为：$\eta = \eta_v \eta_m$；要直接测定 η_m 比较困难，一般测出 η_v 和 η，然后算出 η_m。

图 13.2.1 为 YSQ-B 型液压实验台测试液压泵的液压系统原理图。图中 1 为被试液压泵，它的进油口装有线隙式滤油器 6，出油口并联有溢流阀 2 和压力表 p_6。液压泵输出的油液经节流阀 3 和椭圆齿轮流量计 5 流回油箱。用节流阀 3 对液压泵加载。

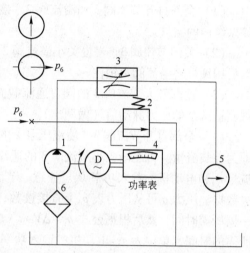

（1）液压泵的压力脉动值。把液压泵 1 的压力调到额定压力，观察记录其脉动值，看是否超过规定值。测时压力表 p_6 不能加接阻尼器。

（2）液压泵的流量-压力特性（q_v-p）。通过测定液压泵 1 在不同工作压力下的实际流量，得出它的流量-压力特性曲线 $q_v = f(p)$。调节节流阀 3 即得到液压泵的不同压

图 13.2.1　液压泵特性实验液压系统原理图

力，可通过 p_6 观测。不同压力下的流量用流量计和秒表确定。压力调节范围从零开始（此时对应的流量为空载流量）到被试泵额定压力的 1.1 倍为宜。

（3）液压泵的容积效率-压力特性（η_v-p_p）。

容积效率 = 满载排量（公称转速下）/空载排量（公称转速下）

　　　　 = 满载流量×空载转速 /（空载流量×满载转速）

若电动机的转速在液压泵处于额定工作压力及零压时基本上相等（即 $n_{额} = n_{空}$），则

$$\eta_v = q_v / q_{vt}$$

式中，q_v 为泵的额定流量，L/min；q_{vt} 为泵的理论流量，L/min。

在实际生产中，泵的理论流量一般不用液压泵设计时的几何参数和运动参数计算，通常以空载流量代替理论流量。本实验中应在节流阀 3 的通流截面积为最大的情况下测出泵的空载流量。

（4）液压泵总效率-压力特性（η-p）。

$$\eta = P_o/P_i \quad 或 \quad P_o = P_i \times \eta = P_i \times \eta_v \times \eta_m$$

液压泵的输入功率 P_i：

$$P_i = T \times n/974 \quad （kW）$$

式中，T 为泵在额定压力下的输入转矩，kgf·m（1kgf·m = 9.8N·m）；n 为泵在额定压力下的转速，r/min。

液压泵的输出功率 P_o：

$$P_o = p \times q_v / 612 \quad （kW）$$

式中，p 为泵在额定压力下的输出压力，kgf/cm^2（$1kgf/cm^2 = 98kPa$）；q_v 为泵在额定压力下的流量，L/min。

液压泵的总效率可用下式表示：

$$\eta = P_o / P_i = 1.59 \times p \times q_v / (T \times n)$$

13.2.5 实验步骤

（1）全部打开节流阀 3 和溢流阀 2，接通电源，让被试液压泵 1 空载运转几分钟，排除系统内的空气。

（2）关闭节流阀 3，慢慢关小溢流阀 2，将压力 p 调至 $70kgf/cm^2$（$1kgf/cm^2 = 98kPa$），然后用锁母将溢流阀 2 锁住。

（3）逐渐开大节流阀 3 的阀口通流截面，使系统压力 p 降至泵的额定压力 $63kgf/cm^2$，观测被试泵的压力脉动值（做两次）。

（4）全部打开节流阀 3，使液压泵 1 的压力为零（或接近零），测出此时的流量，此即为空载流量。再逐渐关小节流阀 3 的通流截面，作为泵 1 的不同负载，对应测出压力 p、流量 q_v 和电动机的输入功率 P_o。注意，节流阀每次调节后，须运转 $1 \sim 2min$ 后，再测量有关数据。压力 p 可从压力表 p_6 上直接读数；流量 q_v 可用秒表测量椭圆齿轮流量计指针旋转一周所需时间，然后根据公式 $q_v = \Delta V / t \times 60(L/min)$ 计算，其中 t 为对应容积变化量 ΔV 所需的时间，单位为 s；电动机的输入功率 P_o 可从功率表 4 上直接读数（电动机效率曲线由实验室给出）。

（5）将上述所测数据填入试验记录表。

13.2.6 实验报告要求

（1）填写液压泵技术性能指标。

（2）填写试验记录表。

（3）绘制液压泵工作特性曲线：用坐标纸绘制 q_v-p、η_v-p、η-p 三条曲线。

（4）分析实验结果。

（5）回答思考题。

13.2.7 思考题

（1）液压泵的工作压力大于额定压力时能否使用，为什么？

（2）从 η-p 曲线中得到什么启发（从泵的合理使用方面考虑）？

（3）在液压泵特性实验液压系统中，溢流阀 2 起什么作用？

（4）节流阀 3 为什么能够对被试泵加载？

13.3　溢流阀性能实验

13.3.1 实验目的

（1）通过实验，深入理解溢流阀稳定工况时的静态特性。

（2）通过实验，掌握溢流阀静态性能实验方法。

13.3.2 实验内容

通过实验，着重测试溢流阀以下静态特性：（1）调压范围及压力稳定性；（2）卸荷压力及压力损失；（3）启闭特性。

13.3.3 实验原理与方法

本实验用 Y_1-10B 先导式溢流阀作为被试阀。

根据 JB 2135—77 有关标准，Y_1-10B 先导式溢流阀出厂试验应达到表 13.3.1 规定的标准。

表 13.3.1　Y_1-10B 先导式溢流阀出厂标准

额定压力/kgf·cm^{-2}	63	压力振摆/kgf·cm^{-2}		±2
额定流量/L·min^{-2}	10	压力偏移/kgf·cm^{-2}		±2
调压范围/kgf·cm^{-2}	5~63	启闭特性	开启压力/kgf·cm^{-2}	53
内泄漏量/mL·min^{-1}	40		闭合压力/kgf·cm^{-2}	50
卸荷压力/kgf·cm^{-2}	2			
压力损失/kgf·cm^{-2}	2	溢流量/L·min^{-1}		0.1

注：$1kgf/cm^2 = 98kPa$。

13.3.3.1　调压范围及压力稳定性

（1）调压范围。应能达到被试阀规定的调压范围（见表 13.3.1）。关闭或打开溢流阀，在压力上升或下降过程中，满足调压平稳，不得有尖叫声这一条件时所能达到的最高及最低压力。

（2）压力振摆。压力振摆是表示调压稳定性的主要指标之一，应不超过规定值（见表 13.3.1）。在调压范围内，每一点的压力在稳定状态下压力的波动最大值。

（3）压力偏移。指在调到调压范围的最高压力值后，经过 1~3min 发生的偏移值，应不超过规定值（见表 13.3.1）。

13.3.3.2　卸荷压力及压力损失

（1）卸荷压力。被试阀远程控制口与油箱直通，阀处于卸荷状态，此时该阀通过实验流量下的压力损失，称为卸荷压力。卸荷压力应不超过规定值（见表 13.3.1）。

（2）压力损失：被试阀的调压手柄调至全开位置，在试验流量下，被试阀的进出口压力差即为压力损失，其值应不超过规定值（见表 13.3.1）。

13.3.3.3　启闭特性

启闭特性是溢流阀在调压弹簧调整好之后，阀芯在开启和闭合过程中，压力和流量之间的关系，是溢流阀静态特性的又一个重要指标。

使用中要求溢流阀在不同的溢流量下，保持恒定的系统压力，希望它的溢流特性曲线如图 13.3.1 中的 A 曲线所示，即溢流阀进口压力 P 低于调定压力 P_T 时不溢流，仅在到达 P_T 时才溢流，且不管溢流量多少，进口压力始终保持在 P_T。但实际上是做不到这一点的，在开启过程，先导式溢流阀必须首先打开导阀，并使导阀打开到一定开口量后，主阀口才开始溢流，直到全部打开（全流量溢流），如图13.3.1中的 B 曲线所示。同样，关闭过程也不是理想状态，实际曲线如图 13.3.1 中的 C 曲线所示。

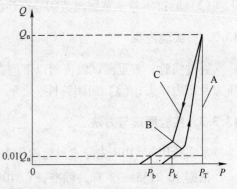

图 13.3.1　溢流阀启闭特性曲线

（1）开启压力。被试阀调至调压范围最高值，此时的流量为试验流量 Q_n。降低系统压力在 $50\,\mathrm{kgf/cm^2}$（$1\,\mathrm{kgf/cm^2}=98\,\mathrm{kPa}$）以下，然后再调节系统压力，逐渐升高，被试阀逐步打开，在被试阀的溢流量为试验流量 1%时的系统压力值称为被试阀的开启压力，即 P_k。额定压力 P_n 为 $63\,\mathrm{kgf/cm^2}$ 的溢流阀，规定开启压力不得小于 $53\,\mathrm{kgf/cm^2}$。

（2）闭合压力：被试阀调至调压范围最高值，此时的流量为试验流量 Q_n。调节系统压力，使压力逐渐降低，被试阀逐步关闭，当通过被试阀的溢流量为试验流量 1%时的系统压力值称为被试阀的闭合压力，即 P_b。额定压力 P_n 为 $63\,\mathrm{kgf/cm^2}$ 的溢流阀，规定闭合压力不得小于 $50\,\mathrm{kgf/cm^2}$。图 13.3.2 为溢流阀性能测试的液压系统原理图。

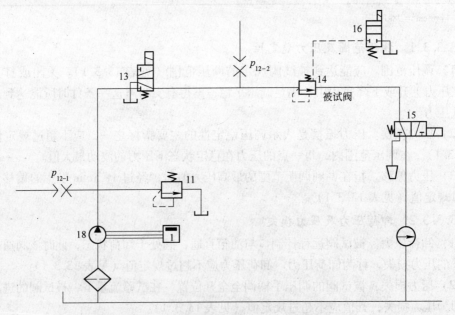

图 13.3.2　溢流阀性能实验液压系统原理图

11—溢流阀；p_{12-1}、p_{12-2}—压力表；13、15—二位三通电磁换向阀；14—被试阀；
16—二位二通电磁换向阀；18—液压泵

13.3.4　实验步骤

（1）首先检查并使溢流阀11全部打开。启动液压泵18，使二位三通电磁换向阀13处于常态位置，将溢流阀 11 调至比被试阀 14 的最高调节压力高 10%，即 70kgf/cm^2（观察压力表 p_{12-1}）。然后使电磁换向阀 13 通电，将被试阀 14 的压力调至 63kgf/cm^2（观察压力表 p_{12-2}）。

（2）压力稳定性的测试。

1）调压范围：逐步打开溢流阀 14 的调压手柄，通过压力表 p_{12-2}，观察压力下降的情况，看是否均匀，是否有突变或滞后等现象，并读出调压范围最小值。再逐步拧紧调压手柄，观察压力的上升情况，读出调压范围最大值。反复实验不少于 3 次，记录于表 13.3.2 中。

2）压力振摆：调节被压阀 14，在调压范围内取 5 个压力值（其中包括调压范围最高值 63kgf/cm^2），每次用压力表 p_{12-2} 测量各压力下的最大压力振摆值，记录于表 13.3.2 中。

3）压力偏移：调节被试阀 14 至调压范围最高值 63kgf/cm^2，通过压力表 p_{12-2}，测量 $1\sim3\text{min}$，观察压力偏移值，记录于表 13.3.2。

（3）卸荷压力和压力损失。

1）卸荷压力：将被试阀 14 的压力调至调压范围的最高值 63kgf/cm^2，此时流过阀的溢流量为试验流量。然后将二位二通电磁换向阀 16 通电，被试阀的卸荷口（远程控制口）即直通油箱。用压力表 p_{12-2} 测量压力值，即为卸荷压力，记录于表 13.3.2 中。

注意：当被试阀的压力调好之后应将 p_{12-2} 压力表开关转至 0 位，待阀 16 通电后，再将压力表开关转至压力接点读出卸荷压力值，这样可以保护压力表不被打坏。

2）压力损失：在试验流量下，调节被试阀 14 的调压手轮至全开位置，测出被试阀的进出口压力差（因为出口接油箱，出口压力为 0，所以压力表 p_{12-2} 压力值即为压力损失），记录于表 13.3.2 中。

（4）启闭特性。关闭溢流阀 11，调节被试阀 14 至调压范围的最高值 63kgf/cm^2，并锁紧其调节手柄，使通过被试阀 14 的流量为试验流量。

1）闭合特性：慢慢松开溢流阀 11 的手柄，使系统压力逐渐降低，测量对应不同压力时通过被试阀 14 的流量（测量流过 ΔV 油液所用时间 Δt，记录于表 13.3.3 中），直到被试阀 14 的溢流量减少到额定流量的 1%（小流量时用量杯测量）。此时的压力为闭合压力（由压力表 p_{12-2} 读出）。继续松开溢流阀 11 的手柄，直到全部流量从溢流阀 11 流走。

2）开启特性：反向拧紧溢流阀 11 的手柄，从被试阀 14 不溢流开始，使系统压力逐渐升高，当被试阀 14 的溢流量达到实验流量的 1% 时，此时的压力为开启压力，再继续拧紧溢流阀 11 的手柄，逐渐升压，测量对应不同压力时通过被试阀 14 的流量（测量流过 ΔV 油液所用时间 Δt，记录于表 13.3.3），一直升到被试阀 14 的调压范围最高值 63kgf/cm^2。

注意：为了减少测量误差，启闭特性实验中溢流阀 11 的调压手柄应始终向响应的方向旋转。

（5）实验结束，放松溢流阀 11 及阀 14 的调压手柄，并使二位三通电磁换向阀 13 置 0 位。最后关闭液压泵 18。

表 13.3.2   压力稳定性、卸荷压力及压力损失记录表

实验项目			观测的数据/kgf·cm⁻²					
调压范围			a		b		c	
压力稳定性	压力振摆	设定参数	a	b	c	d	e	f
			15	25	35	45	55	63
		待测参数						
	压力偏移	设定参数	63					
		待测参数						
	卸荷压力							
	压力损失							

注：1kgf＝98kPa。

表 13.3.3   启闭特性记录表

序号	调定压力 p_n = kgf/cm²						
	开 启 过 程			关 闭 过 程			
	设定参数	待测参数		计算	设定参数	待测参数		计算
	压力 /kgf·cm⁻²	ΔV/L	Δt/s	溢流量 Q /L·min⁻¹	压力 /kgf·cm⁻²	ΔV/L	Δt/s	溢流量 Q /L·min⁻¹
0								
1								
2								
3								
4								
开启压力/kgf·cm⁻²				关闭压力/kgf·cm⁻²				
开 启 比								

注：1kgf＝98kPa。

13.3.5   实验报告要求

（1）填写实验名称、实验目的和实验内容，并简述实验原理。

（2）填写实验记录表。

（3）绘制溢流阀启闭特性曲线。

13.3.6 思考题

（1）溢流阀的启闭特性有何意义？启闭特性好坏对使用性能有何影响？

（2）在中高压大流量工况时，几乎不采用直动式溢流阀，而均采用先导式溢流阀，为什么？

13.4 差 动 回 路

13.4.1 实验目的

（1）掌握缸实现非差动连接与差动连接的工进、快进以及快退回路的组成及工作特点。

（2）了解液压差动连接回路在工业生产中的应用。

（3）了解增速原理以及设计和控制方法。

13.4.2 实验原理和内容

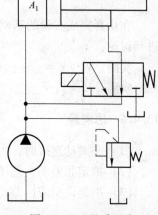

实验原理图如图 13.4.1 所示。

（1）非差动连接工进回路。二位二通换向阀左位；实验油路：进油路为泵→油缸左腔，回油路为油缸右腔→油箱。

（2）差动连接快进回路。二位二通换向阀右位；实验油路：进油路为泵→油缸左腔，回油路为油缸右腔→油缸左腔。

（3）按理论公式求出缸的运动速度：

1）非差动连接工进速度：$V_1 = \dfrac{10Q}{A_1}$ （m/min）

2）差动连接快进速度：$V_3 = \dfrac{10Q}{A_3}$ （m/min）

图 13.4.1 差动回路

3）快退速度：$V_2 = \dfrac{10Q}{A_2}$ （m/min）

式中 Q——进入油缸 I 中的流量，按定量泵的流量 9.2 L/min 取值；

A_1——缸 I 大腔面积，cm^2；

A_2——缸 I 小腔面积，cm^2；

A_3——活塞杆横截面积，$A_3 = A_1 - A_2$，cm^2。

（4）按实测结果求出运动速度：

$$V_1 = \frac{S}{t_1} \times \frac{60}{100} \quad (\text{m/min})$$

$$V_2 = \frac{S}{t_2} \times \frac{60}{100} \quad (\text{m/min})$$

$$V_3 = \frac{S}{t_3} \times \frac{60}{100} \quad (\text{m/min})$$

式中　　S——活塞工作行程，实验取值40cm；

t_1，t_2，t_3——缸Ⅰ非差动连接实现工进、快退和差动连接实现快进的时间，s。

13.4.3 实验装置

实验设备：液压教学实验台（YQS-B型）。

13.4.4 实验步骤

（1）设计并搭建实验回路。

（2）检查实验台上搭建的液压回路是否正确，各接管连接部分是否插接牢固，确定无误则接通电源空载启动电机，运行几分钟后，调节液压泵的转速将系统压力缓慢调高达到预定压力。

（3）给电磁阀电磁铁通电往复换向，观察油缸动作过程。分别记录快慢进的运动时间。

13.4.5 实验报告

在认真完成实验的基础上分析实验结果的正确性（理论与实验进行比较）并结合下式进行讨论：

实测　$V_3 : V_1 =$__________；　　理论　$V_3 : V_1 =$__________。

实测　$V_2 : V_1 =$__________；　　理论　$V_2 : V_1 =$__________。

13.4.6 思考题

（1）非差动连接时，为什么快退工作压力比工进工作压力大得多？

（2）拟定非差动、差动连接时的实验油路。

（3）举例说明液压差动连接回路在机械工业中的应用。

13.5 速度换接回路

13.5.1 实验目的

了解利用节流阀和调速阀在液压系统中的调节液压缸运动速度的原理。

13.5.2 实验原理和内容

速度换接回路是用于使执行元件在一个工作循环中，从一种速度变换到另一种速度。系统原理图如图13.5.1所示。两调速阀串联的方法来实现两种不同速度的换接回路，第二个调速阀的开口比第一个的开口小，电磁阀断电时油缸速度由调速阀1调定，实现一工进；电磁阀通电时油缸速度由调速阀2调定，实现二工进。

13.5.3 实验装置

实验设备：液压教学实验台（YQS-B型）。

13.5.4 实验步骤

（1）设计并搭建实验回路。

（2）检查实验台上搭建的液压回路是否正确，各接管连接部分是否插接牢固，确定无误则接通电源空载启动电机，运行几分钟后，调节液压泵的转速将系统压力缓慢调高达到预定压力。

（3）给电磁阀电磁铁通电往复换向，观察油缸动作过程。

（4）缓慢调节节流阀或调速阀调节旋钮，以使节流口逐渐增大，观察并记录工作液压缸活塞的运动速度以及调节量。

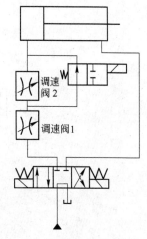

图 13.5.1　两调速阀串联速度换接回路

13.5.5 实验报告

（1）绘制实际实验时的液压回路图，注明各元件名称及型号。

（2）叙述回路工作原理。

（3）叙述实际开机详细步骤。

（4）写出开机注意事项。

（5）写出停机时各阀、按钮等所处的状态。

13.5.6 思考题

调速阀 2 的开度比调速阀 1 大，可以吗？会出现什么现象？

13.6　多缸顺序动作回路

13.6.1 实验目的

（1）了解压力控制阀的特点。

（2）掌握顺序阀的工作原理、职能符号及其运用。

（3）了解压力继电器的工作原理及职能符号。

（4）会用顺序阀或行程开关实现顺序动作回路。

13.6.2 实验原理

液压系统如图 13.6.1 所示。

13.6.3 实验器材

液压传动综合教学实验台 YSQ-B 型。

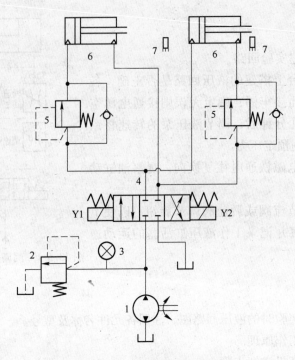

图 13.6.1   多缸顺序动作回路

1—泵站；2—溢流阀；3—压力表；4—三位四通电磁阀；5—顺序阀；6—液压油缸；7—接近开关

13.6.4   实验步骤

（1）根据试验内容，设计实验所需的回路，所设计的回路必须经过认真检查确保正确无误。

（2）按照检查无误的回路要求，选择所需的液压元件，并且检查其性能的完好性。

（3）将检验好的液压元件安装在插件板的适当位置，通过快速接头和软管按照回路要求，把各个元件连接起来，包括压力表（并联油路可用多孔油路板）。

（4）将电磁阀及行程开关与控制线连接。

（5）按照回路图，确认安装连接正确后，旋松泵出口自行安装的溢流阀。经过检查确认正确无误后，再启动油泵，按要求调压。不经检查，私自开机，一切后果由本人负责。

（6）系统溢流阀做安全阀使用，不得随意调整。

（7）根据回路要求，调节顺序阀，使液压油缸左右运动速度适中。

（8）实验完毕后，应先旋松溢流阀手柄，然后停止油泵工作。经确认回路中压力为零后，取下连接油管和元件，归类放入规定的抽屉中或规定地方。

13.6.5   实验报告要求

（1）绘制实际实验时的液压回路图，注明各元件名称及型号。

（2）叙述回路工作原理。

（3）叙述实际开机详细步骤。

（4）写出开机注意事项。

（5）写出停机时各阀、按钮等所处的状态。

13.6.6　思考题

设计一个用压力继电器控制的顺序动作回路，并画出回路图？

13.7　气动元件认识和气动回路实验

13.7.1　实验目的

（1）掌握气动元件在气动控制回路中的应用。

（2）通过装拆气动回路了解调速回路和手动循环控制回路的组成及性能。

（3）能利用现有气动元件拟订其他方案，并进行比较。

13.7.2　实验内容

（1）认识气动元件，组装具有调速功能的手动循环控制气动回路。

（2）认识气动元件，组装逻辑"与"功能的间接控制气动回路。

13.7.3　实验装置

YQS-B 型液气压传动回路实验台。

13.7.4　实验原理

图 13.7.1 为用二位五通双气控换向阀 1V3 控制气缸 1A1 运动，手动换向阀 1S1 和 1S2 控制 1V3 阀换位，气缸运动速度可用单向节流阀 1V1 和 1V2 调节。

图 13.7.2 为用二位五通单气控换向阀 1V1 控制气缸 1A1 运动，手动换向阀 1S1 和机动换向阀 1S2 同时动作时控制 1V1 阀换位，双压阀 1V2 用于与逻辑运算。

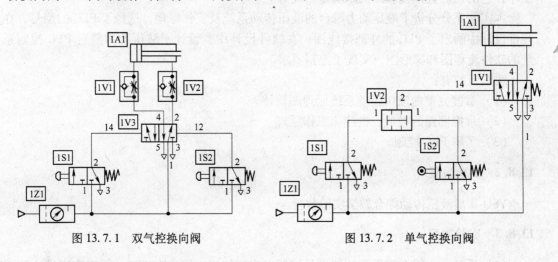

图 13.7.1　双气控换向阀　　　　　　图 13.7.2　单气控换向阀

13. 7. 5　实验步骤

（1）按需要选择气压元件。
（2）根据系统原理图连接管道。
（3）接通压缩空气源。
（4）实现所要求的调速功能和循环动作。
（5）拆卸，并将元件放好。

13. 7. 6　实验报告

（1）画出回路图。
（2）叙述实验所用气动元件的功能特点。
（3）叙述气动回路的工作原理。
（4）回答思考题。

13. 7. 7　思考题

（1）气动系统中为何要有三联件？
（2）单向节流阀在气路中如何安装？
（3）用单气控换向阀与双气控换向阀控制双作用气缸有什么不同特点？

13. 8　液压动力滑台综合实验设计

13. 8. 1　实验目的

液压动力滑台是组合机床用来实现进给运动的通用部件，在组合机床中已得到广泛的应用，通过液压传动系统可以方便地进行无级调速，正反向平稳，冲击力小，便于频繁地换向工作。配置相应的动力头、主轴箱及刀具后可以对工件完成各种孔加工、端面加工等工序，它的性能直接关系到机床质量的优劣。

本实验充分分析了液压动力滑台的液压传动系统及工作原理，选择了 PLC 的型号，在硬件设计中画出了 PLC 的外部接线图；在软件设计中，设计了液压动力滑台 PLC 控制系统的软件流程图和梯形图，实现了控制要求。

实验目的有：
（1）掌握完整的液压传动系统原理图设计。
（2）掌握回路的组成、搭接、工作原理。
（3）了解 PLC 控制。

13. 8. 2　实验装置

YSQ-B 型液压传动综合教学实验装置。

13. 8. 3　实验内容

（1）设计动力滑台液压系统能满足液压缸实现快进→第一次工进→第二次工进→死挡

铁停留→快退→原位停止。系统应满足速度换接平稳,进给速度可调且稳定,功率利用合理,系统效率高,发热少的基本要求。

(2) 学生也可自行设计题目。

13.8.4 实验步骤

(1) 按题目要求绘出所设计回路的液压系统原理图。

(2) 按照实验回路图的要求,取出所要用的液压元件,检查型号是否正确。

(3) 将检查完毕性能完好的液压元件安装在实验台面板合理位置。通过块换接头和液压软管按回路要求连接。

(4) 编制 PLC 程序并输入。

(5) 检查无误后调试回路,观察并分析此回路的工作过程及原理。

13.8.5 实验报告

资料整理,写实验报告,内容包括:系统原理图,电磁铁、压力继电器、行程阀等动作顺序表,各工作状态的油路通道(进油路、回油路),PLC 程序。

14   机床数控技术

14.1   数控铣床基本编程

14.1.1   实验目的

（1）熟悉 ZXK7130 数控钻铣床结构和控制面板。
（2）掌握 G00、G01、G02、G03、M30、S、T 等基本功能字的使用。

14.1.2   实验原理

数控机床是一种高效的自动化设备，它可以按照预先编制好的零件数控加工程序自动地对工件进行加工。理想的加工程序不仅应能加工出符合图纸要求的合格零件，同时还应使数控机床的功能得到合理的应用与充分的发挥，以使数控机床安全可靠且高效地工作。程序编制是数控加工的重要组成部分，加工的零件形状简单时，可以直接根据图纸用手工编写程序。本实验通过数控铣床 GSK928 数控系统，用手工编程的方法对零件进行编程，调整系统及机床，达到加工出所给零件图形的零件目的。

14.1.3   实验材料

ZXK7130 数控钻铣床、钢板、立铣刀。

14.1.4   注意事项

本次实验是铣床的第一个实验项目，因此正式开始前一定要对学生进行安全教育，教育学生养成按规程操作的好习惯。

14.1.5   实验内容与步骤

（1）掌握 ZXK7130 数控钻铣床的手动控制运行，控制刀具到指定位置。
（2）进行机床回零操作。
（3）新程序的建立、编辑修改与删除等基本操作方法。
（4）输入一段程序，包含 G00、G01、G02、G03、M30、S、T 等基本功能字，请指导教师检查无误后，按启动键运行。

14.1.6   问题思考

（1）G02、G03 的编程格式有几种？
（2）立铣刀的用途有哪些？

14.1.7　实验作业

根据图 14.1.1，编写加工试验程序，并验证。

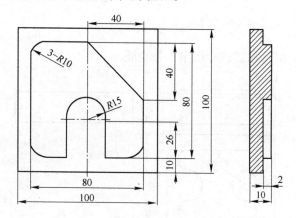

图 14.1.1　数控铣床基本编程实验样件

14.2　铣削圆弧插补试验

14.2.1　实验目的

（1）进一步了解 ZXK7130 数控铣床结构和控制面板。
（2）初步掌握数控铣床的建立工件坐标系、自动运行等基本操作方法。
（3）验证 G02、G03 不同使用方法和过象限能力。

14.2.2　实验原理

轮廓插补技术（逐点比较法），直线插补原理和圆弧插补原理。

14.2.3　实验材料

ZXK7130 数控钻铣床、钢板、立铣刀。

14.2.4　注意事项

（1）注意区分 G02、G03 的插补方向。
（2）注意刀具切入、切出工件的速度。

14.2.5　实验内容与步骤

（1）在 ZXK7130 数控钻铣床上装上工件和铣刀。
（2）建立具体工件坐标系，根据刀具直径编写相应加工程序。
（3）将加工程序录入机床数控系统。
（4）检查程序无误后，将系统状态切换到自动状态，按运行键进行切削加工。

14.2.6   问题思考

G02、G03 的插补方向是如何判定的?

14.2.7   实验作业

根据图 14.2.1,编写加工试验程序,并验证。

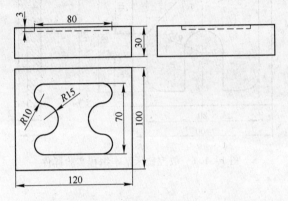

图 14.2.1   数控铣削圆弧插补实验样件

14.3   数控铣削加工中刀具的补偿试验

14.3.1   实验目的

(1) 了解刀具补偿的作用。
(2) 刀具补偿在数控铣床的应用实例。
(3) 掌握刀具补偿的基本过程与原理。
(4) 验证刀具补偿的程序。

14.3.2   实验原理

通过刀具补偿功能,可以使操作者直接根据图纸形状手工编写程序,系统自动偏置一定的距离获得零件的加工轮廓,避免了换算刀具中心轨迹的过程。不仅使加工程序能加工出符合图纸要求的合格零件,同时还使数控机床的功能得到合理的应用与充分的发挥,使数控机床安全可靠且高效地工作。

14.3.3   实验材料

ZXK7130 数控钻铣床、钢板、立铣刀。

14.3.4   注意事项

(1) 安全操作,避免撞刀。
(2) G41、G42 建立与取消的过程。

14.3.5　实验内容与步骤

（1）熟悉铣床参数区参数的设置方式方法。
（2）建立包含 G40、G41、G42 指令的加工程序。
（3）建立包含 G43、G44、G49 指令的加工程序。
（4）运行包含偏置指令的加工程序，观察加工路径。

14.3.6　问题思考

（1）刀具偏置后的路径与加工轮廓的区别。
（2）刀具偏置功能的建立与取消过程。

14.3.7　实验作业

根据图 14.2.1 编写加工试验程序，要求用上刀具半径补偿功能并验证。

14.4　数控车床的 NC 加工编程与基本操作

14.4.1　实验目的

（1）熟悉数控车床的基本结构与基本操作方式。
（2）了解学习数控车床加工程序的编写与录入。

14.4.2　实验原理

数控机床是一种高效的自动化设备，它可以按照预先编制好的零件数控加工程序自动地对工件进行加工。理想的加工程序不仅应能加工出符合图纸要求的合格零件，同时还应使数控机床的功能得到合理的应用与充分的发挥。以使数控机床安全可靠且高效地工作。程序编制是数控加工的重要组成部分，加工的零件形状简单时，可以直接根据图纸用手工编写程序。本实验通过数控车床 GSK928 数控系统，用手工编程的方法对零件进行编程，调整系统及机床，达到加工出所给零件图形的零件目的。

14.4.3　实验材料

CKD0730 数控车床、外圆车刀、ϕ20mm 棒料。

14.4.4　注意事项

本次实验是车床的第一个项目，因此正式开始前一定要对学生进行安全教育，教育学生养成按规程操作的好习惯。

14.4.5　实验内容与步骤

（1）掌握 CKD0730 数控车床的手动控制运行，控制刀具到指定位置。
（2）进行机床主轴起、停，刀具更换操作。

234

（3）新程序的建立、编辑修改与删除等基本操作方法。

（4）输入一段程序，包含 G00、G01、G02、M30、S、T、F 等基本功能字，请指导教师检查无误后，按启动键运行。

14.4.6　问题思考

（1）数控车床的坐标系是如何建立的？

（2）数控车床一般有几个坐标轴，是否需要三轴联动？

14.4.7　实验作业

参照图 14.4.1，编写简单的加工程序，掌握 G00、G01、G02、M30、S、T、F 等基本功能字的使用并上机实验。

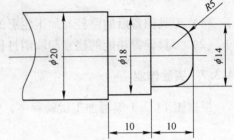

图 14.4.1　数控车床基本编程实验样件

14.4.8　部分功能操作方法参考

（1）新程序建立方法：编辑状态下按 输入键 → 键入程序号 → 按 Enter 。

（2）程序删除方法：编辑状态下按 输入键 → 键入程序号 → 按 Del → 系统提示确认? → 按 Enter 。

（3）刀具坐标绝对移动定位到（X10，Z10）方式：手动状态下 按 X → 系统提示移动 X → 键入要达到位置 → 按 Enter → 系统提示运行? → 按运行键 。若增量移动则按 U、W，取消按 ESC 。

（4）试切对刀方式：先切一段外圆、测量尺寸 按 Input → 系统提示设置 → 按 X → 显示 设置 X → 输入测量值 → 按 Enter 确认 ，同理 Z 向不动 按 Input → 按 Z → 显示 设置 Z → 输 Z 坐标 → 按 Enter 确认 可设置 Z 坐标。若 按 Input → 按 0 可设置程序的参考点。若进行其他多把刀具对刀则相应按 I 、 K 键。

14.5　工件的圆弧加工编程

14.5.1　实验目的

（1）进一步了解 G02、G03 指令的使用方法。

（2）编写一段含 G02、G03 指令的加工程序，并录入数控机床，观察程序执行结果是否符合要求。

14.5.2　实验原理

通过圆弧插补，控制刀具沿着顺时针或逆时针运动。

14.5.3 实验材料

CKD0730 数控车床、外圆车刀、切断刀、ϕ20mm 棒料。

14.5.4 注意事项

（1）刀具切入工件的速度要慢，避免撞刀。

（2）圆弧顺逆方向。

14.5.5 实验内容与步骤

（1）在 CKD0730 数控车床上装上毛坯工件和车刀。

（2）对刀，建立具体工件坐标系。

（3）将加工程序录入机床数控系统。

（4）检查程序无误后，将系统状态切换到自动状态，按运行键进行切削加工。

14.5.6 问题思考

在 GSK928 数控车床系统中的圆弧顺、逆是如何判定的，是否与 ISO 标准一致？

14.5.7 实验作业

对照图 14.5.1，编写一段含 G02、G03 指令的加工程序，并录入数控机床，观察程序执行结果是否符合要求。

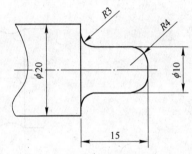

图 14.5.1　数控车床圆弧加工样件

14.6　数控车削加工子程序的应用

14.6.1 实验目的

熟悉子程序的编制使用方式。

14.6.2 实验原理

当一个零件图形上有几个相同的几何形状，可以编制一个子程序供主程序多次调用，完成加工任务。

14.6.3 实验材料

CKD0730 数控车床、外圆车刀、切断刀、ϕ20mm 棒料。

14.6.4 注意事项

（1）刀具切入工件的速度要慢，避免撞刀。

（2）子程序应该与主程序放在一起。

14.6.5 实验内容与步骤

（1）装夹工件与刀具，建立工件坐标系。

（2）按要求编写一段加工主程序及子程序。

（3）将主程序及子程序录入机床数控系统。

（4）检查无误后执行加工程序，观察加工路径。

14.6.6 问题思考

编写加工子程序时用绝对坐标方式好还是用相对坐标形式好，为什么？

14.6.7 实验作业

参照图 14.6.1，用子程序方法，编写加工程序。

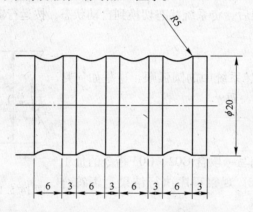

图 14.6.1 数控车削加工子程序样件

注意：GSK928 系统主程序与子程序放置在一起，子程序可以放置在主程序的任何位置，但一般放在最后，子程序开始用 M98，格式为：N ＿ P ＿ L ＿ M98，其中 P 为子程序的起始段号，L 为调用次数。M99 为子程序调用返回指令。

15　金属切削机床

15.1　CA6140 车床结构剖析实验

15.1.1　实验目的

（1）了解机床的用途、总体布局以及机床的主要技术性能。

（2）对照机床传动系统图，分析机床的传动路线。

（3）了解和分析机床主要零部件的构造和工作原理。

（4）本实验项目为验证性实验，要求同学认真预习有关课程知识。

15.1.2　实验内容

（1）了解车床的用途、布局、各操纵手柄的作用和操作方法。

（2）了解主运动、进给运动的传动路线。

（3）了解主运动、进给运动的调整方法。

（4）了解和分析机床主要机构的构造及工作原理。

15.1.3　实验步骤

学生在实验指导人员带领下，到 CA6140 型普通车床现场教学。

（1）观察 CA6140 型普通车床的主轴箱结构，注意调整方法。

（2）观察、了解进给互锁机构及丝杠螺母机构的工作原理。

（3）根据实物了解车床主要附件的使用。

15.1.4　实验分析与讨论

（1）结合实验说明 C6140 机床主轴正、反转与操纵手柄位置的对应关系，并阐述主轴正、反转、停转的工作原理。

主轴正转：操纵手柄向上扳，左离合器压紧，主轴正转；

主轴反转：操纵手柄扳至下端，右离合器压紧，主轴反转；

主轴停转：操纵手柄处于中间位置，离合器脱开，主轴停转。

工作原理：主轴的正反转、停转是由双向多片摩擦离合器实现的。摩擦离合器由内外摩擦片、止推片、压块、空套齿轮组成。例如左离合器，内摩擦片的孔是花键孔，装在主轴花键上，随主轴旋转的外摩擦片的孔是圆的，直径略大于花键外径。外圆上有 4 个凸起，嵌在空套齿轮的缺口中，内外摩擦片相间安装。当杆通过销向左推动压块时，将内片与外片互相压紧。轴的转矩便通过摩擦片间的摩擦力矩传给齿轮，使主轴正转，同理，压块向右时，使主轴反转，当压块处于中间位置时，离合器脱开，主轴停止运动。

（2）根据实验观察和教材 47 页内容，绘出 C6140 车床主轴的结构。说明主轴中孔与莫氏锥孔的作用。

主轴中孔：是为了能通过较粗的棒料和管料。

莫氏锥孔：用来安装心轴，检测机床精度；在制作一些需要精确重复定位的夹具时，作为定位基准；可扩大车床的使用范围，可直接装夹刀具。具有定心性和自锁性。

（3）丝杠与光杠在结构上有何不同？作用分别是什么？如何操作才能使丝杠起传动作用？光杠传动与丝杠传动的互锁如何实现？

1）丝杠表面有螺纹；光杠截面为正六边形。

2）丝杠能带动大拖板纵向移动，用来车削螺纹；光杠用于机动进给时传递运动，用于一般车削。

3）合上开合螺母。

4）光杠与丝杠的互锁是靠溜板箱中的互锁机构实现的。

当合上开合螺母时，机动进给的操纵手柄就被锁在中间位置不能扳动，即不能再接通机动进给，则光杠不能动，丝杠可动；当向左扳机动进给手柄，接通纵向进给时，开合螺母操纵手柄不能转动，开合螺母不能闭合，则光杠能动，丝杠不能动。

（4）根据观察阐述 C6140 车床组成部件的名称及作用。

1）主轴箱：支承主轴并把动力经变速传动机构传给主轴，使主轴带动工件按规定的转速旋转，以实现运动。

2）刀架：装夹车刀，实现纵向、横向、斜向运动。

3）尾座：用后顶尖支承长工件，也可安装钻头、铰刀等孔加工刀具进行孔加工。

4）进给箱：内装有进给运动的变速机构，用于改变机动进给的进给量或所加工螺纹的导程。

5）溜板箱：把进给箱传来的运动传递给刀架，使刀架实现纵向和横向进给或快速移动或车螺纹。

6）床身：安装车床的各个主要部件，使它们在工作时保持准确的相对位置或运动轨迹。

15.2　数控机床结构认识实验

15.2.1　实验目的

本实验使学生了解 FA-40M 型立式加工中心和 CK6150 数控车床布局、主轴系统、进给机构、掌握立式加工中心刀库、换刀机械手、换刀方法，使学生进一步明确数控机床的特点和用途。

15.2.2　实验内容

使学生了解和掌握 FA-40M 立式加工中心的组成、主运动、进给运动传动关系、换刀机构，分析数控车床的组成、加工过程、进给运动、主运动传动关系、刀架结构的作用。

15.2.3　实验步骤

（1）了解 FA-40M 立式加工中心的布局，掌握主轴系统的工作原理和结构特点及各部分主要零件的作用。

（2）了解 CK6150 数控车床的布局，掌握主轴系统的工作原理和结构特点及各部分主要零件的作用。

（3）了解 CK6150 数控车床的布局，掌握刀架的换刀过程。

15.2.4　分析讨论题

（1）标出 FA-40M 立式加工中心的主要组成部分名称，叙述 FA-40M 立式加工中心的工作原理与功能。

1）加工中心总体结构：主轴箱、工作台与进给装置、刀库、底座与立柱。

主轴系统包括：主轴与轴承、拉杆装置、主轴箱。工作台进给装置由工作台、下拖板、底座及进给装置等构件组成。斗笠式刀库由刀盘、选刀回转装置、刀库横移装置等构件组成。

2）工作原理：根据零件图纸技术要求，制定工艺方案，编写零件加工程序并输入数控装置，经处理与运算后，程序中的信息代码转换为脉冲信息，通过伺服系统功率放大、调整主轴与进给速度、控制刀库换刀以及工件与刀具相对运动，按零件的加工工艺与轮廓轨迹加工所需要的零件。在数控机床加工原理中，PMC 是数控机床的控制核心，与 NC 实现相互间信息传递，还能实现对机床侧的控制及信息传递。

3）功能：加工中心有自动换刀的功能、无级调整主轴速度与进给速率的功能，立式加工中心在主轴部件中有主轴箱平衡功能，在铣削加工中有刀具半径补偿、刀具长度补偿、滚珠丝杆螺距补偿等多种补偿功能，通过 PMC 实现与 NC 及机床侧间的信息传递，应用 DNC 技术，由输入装置与输出装置在以太网上进行信息传递。

（2）标出 CK6150 数控机床的主要组成部分名称，叙述 CK6150 数控车床的工作原理与功能。

1）数控车床结构：数控车床主要结构有数控装置、床身、主轴箱、大拖板与中拖板进给装置、刀塔和尾架，还有液压传动系统、排屑装置、润滑系统等辅助装置。

主轴箱：主轴箱内有主轴与轴承、液压卡盘等构件。液压卡盘能自动装夹工件，主轴电机驱动主轴，主轴通过同步驱动主轴编码器，编码器起主轴准停、加工螺纹等作用。尾架：在尾架套筒内装上顶尖，主要功能是夹持细长工件起定位作用。拖板：刀塔安装在拖板上，随着拖板做进给运动，连续切削加工工件。刀塔：按数控车床刀塔轴线的布置形式分类，有刀塔轴线与主轴轴线垂直和刀塔轴线与主轴轴线平行两种形式。在刀塔上可以同时放置多把切削刀具，如外圆刀与内孔刀。

2）工作原理：数控车床的工作原理基于数字控制，数控机床是一台装有数控装置的机床，能够方便应用加工程序，通过脉冲技术控制伺服系统工作，保证数控机床按零件轮廓轨迹加工所需要的工件。数控车床的工作特点，通过工件旋转，刀具沿 x 轴与 z 轴方向运动对工件进行切削加工，数控车床有一个能自动换刀的刀架和一个加工细长轴需要固定定位的尾座。

3）功能：切削加工功能（通过工件旋转，刀具沿 x 轴与 z 轴方向运动对工件进行切削加工），刀具补偿功能（刀具尺寸补偿、刀具圆弧半径补偿、刀具切削方向补偿），滚珠丝杆螺距等误差的补偿功能，车削循环功能、子程序功能、宏子程序功能，加工变螺距功能，恒线速度功能，尾座加工细长轴的固定定位功能。

（3）叙述 CK6150 数控车床换刀过程。

回转刀架换刀过程：回转刀架由电动机作为动力源，按数控装置的指令，通过机械传动，实现松开、转位、定位、夹紧四个动作。

15.3 CA6140 卧式车床螺纹加工实验

15.3.1 实验目的

该实验目的是使学生掌握机床传动链的分析方法；掌握车床螺纹加工的传动路线分析及平衡式推导；掌握车削螺纹时机床的调整和刀具选择；熟悉螺纹加工过程。

15.3.2 实验内容

（1）了解车床的进给箱铭牌表内容及各操纵手柄的作用和操作方法。
（2）掌握进给运动的传动路线调整方法。
（3）学习车削螺纹进给运动的调整方法。
（4）动手加工一段螺纹。

15.3.3 实验步骤

（1）推导出公制、模数制、英制及径节制螺纹的螺距换算关系。
（2）写出车削公制的传动路线，并推导出平衡式。
（3）推导出模数制、英制及径节制螺纹的平衡式。
（4）写出车削大导程螺纹的传动路线，推导出平衡式，并写出放大倍数。
（5）写出车削非标准、精密螺纹的传动路线，并推导出平衡式。
（6）实际切削加工一种教师现场指定的螺纹。

15.3.4 分析讨论题

（1）叙述螺纹加工工作原理。
螺纹原理的应用可追溯到公元前 220 年希腊学者阿基米德创造的螺旋提水工具。公元4 世纪，地中海沿岸国家在酿酒用的压力机上开始应用螺栓和螺母的原理。当时的外螺纹都是用一条绳子缠绕到一根圆柱形棒料上，然后按此标记刻制而成的。目前螺纹切削一般指用成形刀具或磨具在工件上加工螺纹的方法，主要有车削、铣削、攻丝、套丝、磨削、研磨和旋风切削等。车削、铣削和磨削螺纹时，工件每转一转，机床的传动链保证车刀、铣刀或砂轮沿工件轴向准确而均匀地移动一个导程。主轴的旋转和刀具的移动之间存在内联系传动链。

（2）CA6140 型普通卧式车床其传动系统如图 15.3.1 所示，为什么车削螺纹时用丝杠承担纵向进给，而车削其他表面时，用光杠传动纵向和横向进给？能否用一根丝杠承担纵向进给又承担车削其他表面的进给运动？

车削螺纹时，必须严格控制主轴转角与刀具纵向进给量之间的关系，而丝杠螺母传动具有间隙小，能时刻保证严格的传动比的特点，所以要用丝杠承担纵向进给的传动件。车削其他表面时，不必严格控制主轴转角与刀具纵向进给量之间的关系，为减少丝杠磨损和便于操纵，另外，丝杠是无法传递横向进给运动的，因此要用光杠传动纵向和横向进给。

不能用一根丝杠承担纵向进给又承担车削其他表面的进给运动。这样，可以防止丝杠磨损过快，使用寿命降低，并使机床的操纵更容易。

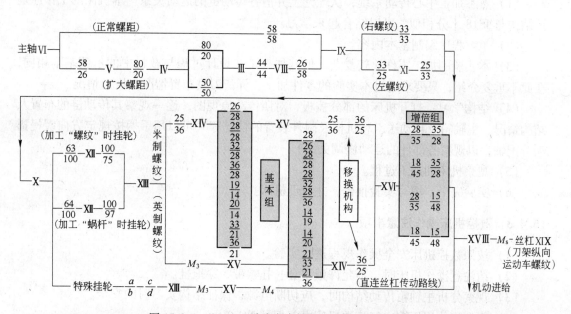

图 15.3.1　CA6140 卧式车床螺纹加工传动路线表达式

(3) 分析加工螺纹乱扣的原因。

故障分析及解决方法：原因是当丝杠转一转时，工件未转过整数转而造成的。

1) 当车床丝杠螺距与工件螺距比值不成整倍数时，如果在退刀时，采用打开开合螺母，将床鞍摇至起始位置，那么，再次闭合开合螺母时，就会发生车刀刀尖不在前一刀所车出的螺旋槽内，以致出现乱扣。解决方法是采用正反车法来退刀，即在第一次行程结束时，不提起开合螺母，把刀沿径向退出后，将主轴反转，使车刀沿纵向退回，再进行第二次行程，这样往复过程中，因主轴、丝杠和刀架之间的传动没有分离过，车刀始终在原来的螺旋槽中，就不会出现乱扣。

2) 对于车削件车床丝杠螺距与工件螺距比值成整数倍的螺纹工件和丝杠都在旋转，提起开合螺母后，至少要等丝杠转过一转，才能重新合上开合螺母，这样当丝杠转过一转时，工件转了整数倍，车刀就能进入前一刀车出的螺旋槽内，就不会出现乱扣，这样就可以采用打开开合螺母，手动退刀。这样退刀快，有利于提高生产率和保持丝杠精度，同时丝杠也较安全。

15.4　数控机床加工实验

15.4.1　实验目的

（1）深入学习和了解数控机床的工作原理及其编程。
（2）认真观察加工中心、数控铣床的主要结构及工作情况。

15.4.2　实验内容及步骤

（1）熟悉加工中心传动系统，从理论上弄清各传动链的运动关系。本机床的工作原理及结构与 JS18 十分相似，可以结合起来学习。
（2）了解程序编制基本内容。
（3）本实验的加工零件比较复杂，但其加工工艺设计过程与教材中的示例基本相同，在此不重复介绍，只要求通过本实验的零件加工，弄清刀具布置情况，换刀情况。
（4）结构学习：打开机床的部分盖板，对照传动原理图，逐一观察其传动链的布置及结构情况，主轴箱及自动送卡料机构及附件装置的情况等（可以用手柄按规定方向缓慢摇动分配轴，以观察各部件的运动协调关系）。
（5）观察机床的加工过程。
（6）实验完毕，填写实验报告，并清理机床。

15.4.3　数控机床操作注意事项

（1）按照数控机床安全操作规程进行实验。
（2）请注意操作机床时，不允许戴手套、扎领带、穿拖鞋。
（3）观察分析主轴箱传动结构时，应切断电源，保证结构实习时的安全。
（4）不允许使用压缩空气清洗机床电气柜及 NC 单元。
（5）使用水枪时注意冲洗液体不可溅到电器元件
表面。
（6）未经指导教师同意，不得接通电源开动机床。

15.4.4　思考题

（1）X7130 立式铣床的结构特点是什么？
（2）叙述铣床的编程规则。
（3）按照图 15.4.1 编制加工程序，在 X7130 立式铣床上进行加工。五角星均匀分布，最大直径 80mm，中心孔径 12mm，厚度 15mm，材料：石蜡。

图 15.4.1　五角星加工工件示意图

附　　录

第 12 章部分实验参考程序：

（1）十字路口交通灯控制参考程序（12.3 节）

```
                                                                    K5
0    X000    M10                                                  (T10  )
     ┤├──┬───┤/├────────────────────────────────────────────────
         │                                                          K6
         │                                                       (T11  )
         ├──────────────────────────────────────────────────────
         │       T11
         └───────┤/├──────────────────────────────────────────(M11  )

12   T10                                                         (M10  )
     ┤├──────────────────────────────────────────────────────

14   M11                                                         (M100 )
     ┤├──┬──────────────────────────────────────────────────
     M12 │
     ┤├──┘

17   M200                                                        (M12  )
     ┤├──────────────────────────────────────────────────────

19   M10
     ┤├──────────────────────────[SFTL    M100    M101    K100    K1  ]

29   M100                                                   [SET    Y002 ]
     ┤↑├──┬──────────────────────────────────────────────
          │                                               [SET    Y003 ]
          └────────────────────────────────────────────

33   M140                                                   [RST    Y003 ]
     ┤↑├──┬──────────────────────────────────────────────
     M142 │
     ┤↑├──┤
     M144 │
     ┤↑├──┘

40   M141                                                   [SET    Y003 ]
     ┤↑├──┬──────────────────────────────────────────────
     M143 │
     ┤↑├──┤
     M145 │
     ┤↑├──┘
```

```
47 ─┤↑├─ M146 ──────────────────────────────────[ RST    Y003 ]
    │                                            [ SET    Y004 ]

51 ─┤↑├─ M150 ──────────────────────────────────[ RST    Y004 ]
    │                                            [ RST    Y002 ]
    │                                            [ SET    Y005 ]
    │                                            [ SET    Y000 ]

57 ─┤↑├─ M190 ──────────────────────────────────[ RST    Y000 ]
    ├┤↑├─ M192
    └┤↑├─ M194

64 ─┤↑├─ M191 ──────────────────────────────────[ SET    Y000 ]
    ├┤↑├─ M193
    └┤↑├─ M195

71 ─┤↑├─ M196 ──────────────────────────────────[ RST    Y000 ]
    │                                            [ SET    Y001 ]

75 ─┤↑├─ M200 ──────────────────────────────────[ RST    Y001 ]
    │                                            [ RST    Y005 ]
    │                                            [ SET    Y002 ]
    │                                            [ SET    Y003 ]

                                                             K10
81 ─┤├─X000 ─┬┤├─Y002 ─┬┤/├─M20 ───────────────────────────(T30 )
             │         │                                     K11
             └┤├─Y005 ─┤                                    (T31 )
                       │
                       └┤/├─T31 ────────────────────────────(M21 )

96 ─┤├─T30 ──────────────────────────────────────────────(M20 )
```

```
     M318
     ├┤├
     M319
     ├┤├
     M322
     ├┤├
     M323
     ├┤├
     M301
139 ─┤├─────────────────────────(Y010)
     M308
     ├┤├
     M309
     ├┤├
     M310
     ├┤├
     M311
     ├┤├
     M318
     ├┤├
     M319
     ├┤├
     M320
     ├┤├
     M321
     ├┤├
     M300
     ├┤├
     M325
     ├┤├
     M306
151 ─┤├─────────────────────────(Y011)
     M307
     ├┤├
     M316
     ├┤├
     M317
     ├┤├
     M306
156 ─┤├─────────────────────────(Y012)
     M307
     ├┤├
     M308
     ├┤├
     M309
     ├┤├
     M310
     ├┤├
```

```
         ┌─┤ ├─┐
           M311
         ├─┤ ├─┤
           M312
         ├─┤ ├─┤
           M313
         ├─┤ ├─┤
           M314
         ├─┤ ├─┤
           M315

           M301
167      ──┤ ├──────────────────────────────( Y013 )
           M302
         ├─┤ ├─┤
           M303
         ├─┤ ├─┤
           M304
         ├─┤ ├─┤
           M305
         ├─┤ ├─┤
           M300
         ├─┤ ├─┤
           M325
         └─┤ ├─┘

           Y002
175      ──┤↓├──────────────────[ ZRST    M300    M400 ]
           Y005
         ──┤↓├──────────────────[ RST     T31 ]

           X000
186      ──┤/├──────────────────[ ZRST    Y000    Y015 ]
                                 [ ZRST    T0      T50 ]
                                 [ ZRST    M0      M500 ]

202      ─────────────────────────────────────[ END ]
```

（2）机械手模拟控制梯形图参考程序（12.4 节）

```
0 ──┤X002├──┤X004├──┤/M101├──┤/M102├──┤/M103├──┤/M104├──┤/M105├──┤/M106├──┤/M107├──────────K0──→

   ├K0──→──┤/M108├──┤/M109├───────────────────────────────────────────────────(M100)

12 ──┤X004├──┤M109├──┬──────────────────────────────────────[ZRST   M101    M109 ]

     ──┤↓X000├───────┴──────────────────────────────────────────────[RST    M200 ]

22 ──┤M100├──┤↑X000├──┬───────────────────────[SFTL   M100   M101   K9     K1 ]

     ──┤M101├──┤X001├──┤
     ──┤M102├──┤T0├────┤
     ──┤M103├──┤X002├──┤
     ──┤M104├──┤X003├──┤
     ──┤M105├──┤X001├──┤
     ──┤M106├──┤T1├────┤
     ──┤M107├──┤X002├──┤
     ──┤M108├──┤X004├──┘

58 ──┤M100├───────────────────────────────────────────────────────────────(Y005)

60 ──┤M101├──┬────────────────────────────────────────────────────────────(Y000)
     ──┤M105├──┘

63 ──┤M102├──┬──────────────────────────────────────────────────[SET    M200 ]
            │                                                                K17
            └───────────────────────────────────────────────────────────(T0)

68 ──┤M200├───────────────────────────────────────────────────────────────(Y001)
```

```
        M103
70  ├──┤ ├──┬─────────────────────────────────────────────( Y002  )
        M107 │
    ├──┤ ├──┘

        M104
73  ├──┤ ├─────────────────────────────────────────────────( Y003  )

        M108
75  ├──┤ ├─────────────────────────────────────────────────( Y004  )

        M106
77  ├──┤ ├──┬──────────────────────────────────[ RST    M200    ]
           │                                              K15
           └──────────────────────────────────────────( T1     )

82  ├───────────────────────────────────────────────────[ END     ]
```

（3）液体混合装置控制参考程序（12.5 节）

```
        M8002
0   ├──┤ ├──┬──────────────────────────────[ MOV    K0      D8121  ]
           │
           └──────────────────────────────[ MOV    H408E   D8120  ]

        T1
11  ├──┤↑├─────────────────────────────────────────[ PLS    M100    ]

        X001
15  ├──┤↓├─────────────────────────────────────────[ PLS    M101    ]

        X002
19  ├──┤ ├─────────────────────────────────────────[ PLS    M102    ]

        X003
22  ├──┤ ├─────────────────────────────────────────[ PLS    M103    ]

        X004   M111   X001
25  ├──┤/├───┤/├───┤ ├──────────────────────────────────( M110   )

        X004   X001
29  ├──┤/├───┤ ├──────────────────────────────────────────( M111   )

        M100
32  ├──┤ ├──────────────────────────────────────────[ SET    M200    ]

        M200   T1
34  ├──┤ ├───┤ ├──┬─────────────────────────────────[ SET    Y000    ]
        M100      │
    ├──┤ ├────────┘

        M103
38  ├──┤ ├──────────────────────────────────────────[ SET    Y001    ]

        M103
40  ├──┤ ├──┬──────────────────────────────────────[ RST    Y000    ]
        M101  │
    ├──┤ ├────┘

        M102
43  ├──┤ ├──────────────────────────────────────────[ SET    Y003    ]
```

```
       M102
45   ──┤├──┬─────────────────────────────────────────[ RST    Y001 ]
       M101 │
     ──┤├──┘

       T0
48   ──┤├──┬─────────────────────────────────────────[ RST    Y003 ]
       M101 │
     ──┤├──┘

       Y003                                                    K60
51   ──┤├────────────────────────────────────────────────────( T0  )

       Y003   X001
55   ──┤/├────┤├──────────────────────────────────────────────( M120 )

       Y003   M120   M113
58   ──┤/├────┤├─────┤/├────────────────────────────────────( M112 )

       Y003   M120
62   ──┤/├────┤├────────────────────────────────────────────( M113 )

       M112
65   ──┤├─────────────────────────────────────────────[ SET    Y002 ]

       T1
67   ──┤├──┬────────────────────────────────────────────[ RST    Y002 ]
       M101 │
     ──┤├──┘

       M110
70   ──┤├─────────────────────────────────────────────[ SET    M201 ]

       T1
72   ──┤├─────────────────────────────────────────────[ RST    M201 ]

       M201                                                    K20
74   ──┤├────────────────────────────────────────────────────( T1  )

       X001
78   ──┤↓├────────────────────────────────────[ ZRST   M200    M201 ]

85   ─────────────────────────────────────────────────────────[ END ]
```

（4）装配流水线控制参考程序（12.10节）

```
         X000    M0                                              K10
  0  ─┤├─────┤╱├──────────────────────────────────────────( T0 )
         T0
  5  ─┤├──────────────────────────────────────────────────( M0 )
         X000                                                   K15
  7  ─┤├──────────────────────────────────────────────────( T1 )
                 T1
              ─┤╱├─────────────────────────────────────────( M1 )
                 M3     M108                                    K15
              ─┤╱├────┤├──────────────────────────────────( T2 )
                                T2
                              ─┤╱├───────────────────────────( M2 )
                 X001
              ─┤↑├───────────────────────────────[ SET    M3 ]
         M1
 26  ─┤├──────────────────────────────────────────────────( M100 )
         M2
      ─┤├
         M0     M3
 29  ─┤├────┤╱├──────────────[ SFTL  M100  M101  K8   K1 ]
         X001   X000
      ─┤↑├────┤├
         M101
 44  ─┤├──────────────────────────────────────────────────( Y003 )
         M102
 46  ─┤├──────────────────────────────────────────────────( Y000 )
         M103
 48  ─┤├──────────────────────────────────────────────────( Y004 )
         M104
 50  ─┤├──────────────────────────────────────────────────( Y001 )
         M105
 52  ─┤├──────────────────────────────────────────────────( Y005 )
         M106
 54  ─┤├──────────────────────────────────────────────────( Y002 )
         M107
 56  ─┤├──────────────────────────────────────────────────( Y006 )
         M108
 58  ─┤├──────────────────────────────────────────────────( Y007 )
         X000
 60  ─┤↓├──────────────────────────[ ZRST   M101   M108 ]
                              ──────────────────[ RST    C0 ]
                              ──────────────────[ ZRST   M0   M3 ]
```

```
74   X000  X002                                    ┤ ZRST   M102    M108  ├
     ─┤├──┤↑├────────────────────────────

           Y007
          ─┤↑├────────────────────────────────────┤SET    M101          ├

     M3
    ─┤↑├───────────────────────────

88   ──────────────────────────────────────────────┤END                  ├
```

参 考 文 献

[1] 傅水根, 武静. 机械制造实习与实验报告 [M]. 北京：清华大学出版社, 2013.

[2] 徐学武. 数控技术实验原理及实践指南 [M]. 北京：机械工业出版社, 2013.

[3] 王淑坤, 许颖. 机械设计制造及其自动化专业实验 [M]. 北京：北京理工大学出版社, 2012.

[4] 刘鸿文, 吕荣坤. 材料力学实验 [M]. 3 版. 北京：高等教育出版社, 2006.

[5] 王小纯, 胡映宁. 模拟现代机械制造企业基本运作的大实验平台 [M]. 武汉：华中科技大学出版社, 2009.

[6] 孟广耀, 崔怡, 孙萍. 机械专业实验指导书 [M]. 北京：国防工业出版社, 2010.

[7] 路勇, 佟毅, 张宇威, 等. 电子电路实验及仿真 [M]. 2 版. 北京：清华大学出版社, 2010.

[8] 熊晓君. 硬件模拟与 MATLAB 仿真 [M]. 北京：机械工业出版社, 2009.

[9] 聂毓琴, 吴宏. 材料力学实验与课程设计 [M]. 北京：机械工业出版社, 2006.

[10] 王萍, 林孔元. 电工学实验教程 [M]. 北京：高等教育出版社, 2012.

[11] 李辉, 张治俊. 电机实验 [M]. 重庆：重庆大学出版社, 2011.

[12] 张双德, 胡淑均. 电路与电子技术实验及测试 [M]. 北京：世界图书出版公司, 2013.

[13] 朱聘和, 王庆九, 汪久根. 机械原理与机械设计实验指导 [M]. 杭州：浙江大学出版社, 2013.

[14] 重庆大学精密测试实验室. 互换性与技术测量实验指导书 [M]. 北京：中国计量出版社, 2011.

[15] 高吉祥. 电子技术基础实验与课程设计 [M]. 北京：电子工业出版社, 2011.

冶金工业出版社部分图书推荐

书　名	作　者	定价(元)
自动检测和过程控制（第4版）（本科教材）	刘玉长	50.00
新能源导论（本科教材）	王明华	46.00
金属材料工程认识实习指导书（本科教材）	张景进	15.00
环保机械设备设计（本科教材）	江　晶	45.00
机械优化设计方法（第4版）（本科教材）	陈立周	42.00
金属压力加工原理及工艺实验教程（本科教材）	魏立群	28.00
起重与运输机械（高等学校教材）	纪　宏	35.00
电气控制及PLC原理与应用（本科教材）	吴红霞	32.00
电子技术实验（本科教材）	郝国法	30.00
电子技术实验实习教程（本科教材）	杨立功	29.00
单片机应用技术实例（本科教材）	邓　红	29.00
可编程控制技术与应用（本科教材）	刘志刚	35.00
数控机床操作与维修基础（本科教材）	宋晓梅	29.00
热工实验原理和技术（本科教材）	邢桂菊	25.00
工程流体力学（第4版）（本科教材）	谢振华	36.00
热能与动力工程基础（本科教材）	王承阳	29.00
热能转换与利用（第2版）	汤学忠	32.00
现代机械设计方法（第2版）（本科教材）	臧　勇	36.00
机械安装与维护（职业技术学院教材）	张树海	22.00
机械制造工艺与实施（高职高专规划教材）	胡运林	39.00
冶金过程检测与控制（第2版）（职业技术学院教材）	郭爱民	30.00
Red Hat Enterprise Linux 服务器配置与管理（高职高专规划教材）	张恒杰	39.00
塑性变形与轧制原理（高职高专规划教材）	袁志学	27.00
轧钢设备维护与检修（行业规划教材）	袁建路	28.00
轧钢工理论培训教程（行业规划教材）	任蜀焱	49.00
轧钢机械设备维护（高职高专规划教材）	袁建路	45.00
起重运输设备选用与维护（高职高专规划教材）	张树海	38.00
型钢轧制（高职高专规划教材）	陈　涛	25.00
炼钢设备维护（高职高专规划教材）	时彦林	35.00
冶金企业安全生产与环境保护（高职高专规划教材）	贾继华	29.00
冶金通用机械与冶炼设备（第2版）（高职高专国规教材）	王庆春	56.00
金属材料及热处理（高职高专规划教材）	于　晗	26.00
有色金属塑性加工（高职高专规划教材）	白星良	46.00
冶金机械保养维修实务（高职高专规划教材）	张树海	39.00
有色金属轧制（高职高专规划教材）	白星良	29.00
有色金属挤压与拉拔（高职高专规划教材）	白星良	32.00